共理你的梦想

转个弯思考 人生将会不一样

杨 乔 ○ 著

北京师范大学出版集团
BEIJING NORMAL UNIVERSITY PUBLISHING GROUP
北京师范大学出版社

图书在版编目（CIP）数据

谁理你的梦想：转个弯思考 人生将会不一样 / 杨乔著.—北京：北京师范大学出版社，2011.6（2013.7重印）
ISBN 978-7-303-12899-0

Ⅰ.①谁… Ⅱ.①杨… Ⅲ.①成功心里-通俗读物
Ⅳ.①B848.4-49

中国版本图书馆CIP数据核字（2011）第 090323 号

营 销 中 心 电 话　　010-58805072 58807651
京师心悦读新浪微博　　http://weibo.com/bsdsercb
SHUI LI NI DE MENG XIANG

出版发行：北京师范大学出版社 www.bnup.com
　　　　　北京新街口外大街19号
　　　　　邮政编码：100875
印　　刷：北京市易丰印刷有限责任公司
经　　销：全国新华书店
开　　本：170 mm × 240 mm
印　　张：17
字　　数：225 千字
版　　次：2011 年 6 月第 1 版
印　　次：2013 年 7 月第 4 次印刷
定　　价：35.00 元

策划编辑：谢雯萍　　　　责任编辑：谢雯萍
美术编辑：毛　佳　　　　装帧设计：锋尚设计
责任校对：李　菡　　　　责任印制：陈　涛

目录 contents

推荐序

III

IV

第一部　做梦是一种本能

V

第二部　旅行是做梦的起点

VI

第四部 实践梦想，得到更多

推荐序一
我们是谁

小　鹏

我没见过杨乔，却和她有一种"同病相连"的感觉——回想当年，也没人理会我的梦想。当我对同学说想成为一个职业旅行者的时候，他们说，三百六十行里没有干这个的。当我辞去工作打起背包的时候，父母的不理解又成为另一道纸枷锁，让我不敢放手去搏、去闯。

其实，像我和杨乔这样有梦想却曾经被现实羁绊的人还有很多。比如梵高，他的梦想不过是复制内心深处的色彩，可身边的人却把他看成一事无成的废物。比如特蕾萨修女，她梦想帮助那些印度穷人里的最穷者，可在她获得媒体广泛关注之前，加尔各答的穷人数量远远超过她的预期。又比如佛科斯，他的梦想是从加拿大的西海岸跑到东海岸，可与他的左腿齐头并进的却是一条假肢。

梦想在左，困难在右。在这场拔河比赛中，梦想总是输多赢少。可凡事总有例外，于是有人出发了，有人辞职了，有人动笔了，有人行动了。其实所有这些人都不过是听见了内心深处的声音——去干吧，干自己喜欢的事情，趁我们还年轻。我们都知道，人生应该还有另外一种可能，不为车子、房子，不为票子、路子，而应为了成为独一无二的那个自己。

有人说，我也曾为梦想闪过念、动过心，可到头来还是一事无成。那我想请问，你为梦想坚持过吗？在最瓶颈、最困难的时刻，你是选择坚持不懈还是

2

妥协放弃？

杨乔坚持了，于是她能够站在山巅俯瞰世界的辽阔，能在海底与鱼群嬉戏。我也没有放弃，于是在旅行的过程中收集了无数感动。更不用说梵高、特蕾萨和佛科斯，单这几个名字就已经为那些伟大传奇作了注脚。

梦想就像一盏微光，指引着我们的方向。当微光越来越明亮，变成太阳的时候，我们已经不再惧怕黑暗。

总有人想知道我们究竟是谁？怎么那么幸运可以把梦想实现？

我们是谁？不过是特别在乎自己梦想的人而已。

（本文作者为《背包十年》作者，中国职业旅行第一人）

推荐序二
你的世界一定会更精彩

杨积堂

杨乔，是总会给人带来惊喜的那种女孩！

自从她毕业之后，偶尔带来的消息，不是正在瑞士精彩地忙碌着，就是在巴黎又有了新的尝试和发展。突然有一天，接到她的电话，说又转战上海做传媒，并正在为新的创业而设计……

最近这一次，她带来的消息更让我意外，她写的书即将要出版了，这本《谁理你的梦想》，记述了她为梦想而跋涉的点点滴滴。这次她带来这个惊喜的同时，也给我布置了一项任务，要我给她的这本书写点文字。

很多天里，我迟迟未予动笔，只是在回顾杨乔在北京联合大学应用文理学院法律系读书期间的一些或清晰、或模糊的影迹。2003年9月开学，我迎来了法律系新一班级的学生——2003级（2）班，我做这个班的班主任。在班上，有一位常常坐在第二排的女生，她安静、平和，面带微笑，她就是来自宝岛台湾的学生杨乔。

起初，她给我留下的深刻印象是，笔记做得非常认真，字迹整洁娟秀，后来知道她的英语很棒。平时接触，她非常有礼貌，有着自然的内敛，言谈间流露出一种坚定和自信。在读书期间，常常参加各种校内集体活动或者竞赛，到了大三以后，她参加的社会活动就更多了。尤其是大三参加了全球青年领袖计划之后，她的社会活动就非常忙碌了，紧接着又和我们班上其他几位同学一起

2

到美国参加了模拟联合国活动。正是这些积极走出校园，探索世界的勇气和行动，让她一次又一次地飞翔，一次比一次飞得更高、飞得更远。

如今的杨乔，将她在梦想中飞翔的记忆和感悟，用心地书写下来，这样的行动，本身又是一种创举，在这些文字的耕耘中，她在反思中梳理了自己飞翔的轨迹。这对其自身而言，仿佛是为了新的展翅飞翔而在思想上凝结了一个起飞的平台，而对有幸品读这本书的年轻人而言，这又是一种力量的感召和梦想的启迪！

这个世界很广阔，但是属于我们每一个人的，都在自己的心中和脚下……心有多宽，属于你的世界就有多广；脚步延伸多远，属于你的世界就有多辽阔！所以，借本书出版之际，祝福杨乔，也祝福所有心怀梦想的人，让心中梦想的火苗永远闪亮，用探索的脚步不停地跋涉……你的世界，就一定会更美丽，更精彩！

（本文作者为博士，教授，北京联合大学应用文理学院法律系主任，首都法治研究中心主任，应用文科综合实验教学中心副主任，经济法学科学术带头人，北京市经济法学会理事，北京市财税金融法学会常务理事，来自北京）

推荐序三
机遇总是降临给有准备的头脑

滕 菁

杨乔是我的学生，更是我的朋友。

记得在北京联合大学应用文理学院的留学生小院里，总是看到一个面带微笑、懂礼貌的小姑娘，她给我的强烈印象是在大学的英语比赛，参赛者中只有她是非英语专业的，但她却以优异的成绩取得了第一名。

从此我关注她，她也经常和我聊聊家常，我知道她是在台湾上了一年大学后自己决定休学，又考到我们大学的。为什么呢？她说她不愿意在她年轻时就看到了一辈子要做的事，她要做更多的事。她说话时的表情现在还历历在目。我想，这个小姑娘有很大的梦想。

后来，她积极争取代表学校参加美国哈佛大学的模拟联合国，作为国际交流部主任，我觉得这对培养国际化人才大有好处，就向学校汇报，由英语系派专家对报名的学生进行考核，组建了我校第一个赴哈佛大学参加模拟联合国的学生代表团，我请在哈佛大学学习时认识的朋友帮助他们联系homestay，活动取得圆满成功，并从此激励了我校学生参加模拟联合国。我要感谢杨乔的梦想以及她勇于追梦的毅力。

最让我钦佩的是，杨乔在北京别的大学读了一个大学生的文章，给她的梦想更是添加了翅膀，她自己独立申请"全球青年领袖计划"，与来自世界各地的大学生竞争，之后参加了全世界青年领导者培养项目，她在每次和大学的电

2

话面试以及后边的进展中都和我沟通商量，我由衷地为我们学院有这么优秀的学生感到骄傲。

近半年后她载誉归来，为在校学生讲述她的世界之行，同学们从她身上学到了自信、自强，刻苦学习的精神，积极报名参加我校各项交流项目，大大提高了学校的国际化程度。我还是要感谢杨乔的梦想以及她勇于追梦的毅力。

在她从法学系毕业时，经过严格的筛选过程，学校一致同意选派她参加我校国际合作项目，赴瑞士学习并享受全额奖学金。

至今我们还经常联系。她说北京是她人生的转折点，我是她的恩师。

我要说，一句名言说得好："机遇总是降临给有准备的头脑。"无论你毕业于什么学校，无论你来自什么家庭，在21世纪多元化的今天，拥有着对世界感知的梦想，怀抱着对人类、大自然的感恩，依靠脚踏实地的劳作，插上翅膀就一定能飞得高、飞得远。

正可谓心之所愿，无事不成。一个人之所以能圆梦，是因为相信能圆梦，并能勇敢地去圆梦。

年轻朋友们读了此书，必能有所启迪，受益良多。

（本文作者为原北京联合大学应用文理学院国际部主任、现加拿大新布伦瑞克省孔子学院院长，来自北京）

推荐序四
我们所遇到过的最闪耀的宝石

戴维·安德森、伊莉萨白·安德森

原始天然的钻石原石看起来就像一颗普通的石头，一旦经过切割和打磨，就会展现出光彩夺目的面貌。当我们第一次见到乔时，她看起来只是个在北京这样的超级国际都市中的一个普通女孩，我们邀请她来我们家，希望能为她做些什么，我们真的太天真了！很快，我们发觉乔不是普通的小石头，而是我们所遇到过的最闪耀的宝石。

第一次与乔认识是在2003年，在北京联合大学应用文理学院的国际学生园里。乔说着一口流利的英语，这是我们和她的第一次接触。当我们了解到她的个人经历与家庭背景，钻石两个耀眼的面貌就出现了。她自然、外向、机智，博览群书，还曾经在英国住过一段时间，这让我们很容易就可以与她沟通并建立感情。在接下来的几年中，乔每星期都会来和我们分享晚餐、电影、巧克力、故事、冒险、生日、圣诞节、感恩节和许多其他的庆典。

我们期待着乔来我们家，每周五的晚饭更是缺少了她就不完整。渐渐的，我们的朋友成为她的朋友，而她的朋友成为我们的。随着时间的流逝，我们开始告诉她我们在澳大利亚的家人，我们已经多了一个女儿。当她踏上旅程去看看世界时，我们非常想念她；当我们阅读她的来信时，我们好像可以听到她的声音。这位年轻的女孩给我们的家庭带来很大的震撼，她对事物不同的见解以及看事情不同的角度，丰富了我们的生活。她也是个鼓舞人心的导师，给我们

2

的女儿奥莉维亚带来很多正面的影响。奥莉维亚看到她为自己设定目标、探索未知的机会，然后实践她的梦想，庆祝她的成就。奥莉维亚这样告诉自己："如果乔能做到，我也可以！"之后她一直遵循乔的脚步，追寻她自己的梦想，现在，奥莉维亚在墨尔本的学校里也是一个具有感召力的榜样。

"Choices upon the Road"作为这本书的英文标题非常贴切，似乎可以看到"乔在做着选择"，很生动地呈现了这位给人带来启发与灵感的年轻女孩。我们非常荣幸能参与乔的一部分旅程，我们衷心地希望所有的读者都能像我们一样被她所触动。

（本文作者为两名外国专家，曾执教于北京联合大学应用文理学院英语系，来自澳大利亚）

推荐序五
美妙的礼物

清水典子

2005年，我们接待了身为交换学生的乔一个星期，虽然只是短短的一个星期，但我仍然常常想起她，因为她带给了我两个美妙的礼物。

乔和我对历史都有着浓厚的兴趣。由于我的工作是编辑高中生教材，我和乔分享了日本的历史教科书的内容。她震惊地发现，日本的教科书对日本的侵华历史解释得比台湾的教科书少得多。她让我注意到，身为日本人的我们应该更多地了解日本过去对亚洲各国所造成的伤害。这是她给我的一个礼物。

我也很感激她给我的另一份礼物。乔鼓励我的女儿努力学习，实现自己的梦想。乔曾参加过模拟联合国，这一举动鼓励我的女儿申请交流计划，我的女儿将于十月访问北京。如果没有乔的鼓励，这可能无法实现。

有一个像乔这样的从中国台湾来的女儿，我感到非常自豪。我很高兴能够为她写第一本书的序。我期待着看到她的书，并欢迎她很快地再来我们家。

（本文作者为日本 Benesse 出版社英文编辑，接待家庭的妈妈，来自日本）

推荐序六
杰出的文化桥梁

吴丽卡

乔是我们集团在上海办公室的项目经理。VOK DAMS集团一向对我们的项目经理提出最高最严格的要求。我们的项目经理必须具备高超的组织能力和优秀的沟通能力，还有高度的创造力，即便是在紧迫的时间压力下，必须从容地以专业的态度面对不同的客户。这一个星期负责拜尔的企业社会责任项目，下一周便直奔奔驰的品牌发布项目，同时还要为新的竞标做完善的研究和准备，并要对已完成的项目做预算上的把关和管控。每天都有新的要求与挑战，多重任务在身，每一个项目之前，总是有突发状况要面对，甚至可能在缺乏睡眠的情况下还要把工作做到完美。乔不仅达到这些要求，并且表现出色，在工作中她积极向上的态度和旺盛的好奇心，感染着整个团队。

无论是面对国际客户或中国客户，乔皆能表现完美；由于她的生长和学习背景加上她的国际经历，使她成为一个杰出的文化桥梁。乔的专业气质，国际工作经验以及独特的旅行经历，让她比她的实际年龄更加成熟干练。我们很高兴有乔在我们 VOK DAMS的团队中，我们期待着日后和她有更深更广的合作。

（本文作者为 VOK DAMS 集团大中国区总经理，来自德国）

推荐序七
海阔凭鱼跃，天高任鸟飞

张　璐

"如果我身边没有你，生命有什么意义……"这是一首来自邓丽君的老歌。当得知我将为乔的新书撰写序言时，心中不觉响起了这首歌曲。

与乔相识于大学时代，那年古城北京的秋天依旧是天高云阔、气爽宜人，记忆唯一的亮点定格在乔进入教室的一刹那，从那一刻开始，我开始了解到一个台湾女孩的智慧善良、心思缜密；感受到一个大姐姐的真诚与爱护；叹服于一个女性的拼搏与奋斗。

如果没有你，生命有什么意义，如果没有你，何以开阔眼界；如果没有你，何以处事泰然；如果没有你，我们将不能跟随着你的脚步横贯大陆、纵深大洋，体味你一路行来那多彩多姿、甘苦并依的心路历程！

感谢乔的有心与创意，看着你一路伴歌而行、高歌猛进，不免对你的抉择和取舍产生兴趣，真想知道那小小的身躯里到底蕴涵着怎样一颗博大的心灵！到底是怎样的力量与意志支撑你行遍五湖四海！我想这本书一定会提供给我们一个满意的答案。

"这是最好的时代，也是最坏的时代……"机遇与挑战并存的时候，意味着海阔凭鱼跃！意味着天高任鸟飞！乔所历所写皆来源于此。她目睹过富士山的云岫、轻嗅过北欧的初雪、体察过美洲的民情、针砭过世界的不平。她是那样一个拥有花样笑容和轻柔声音的女性，却有着勇士的热烈与侠士的情怀。

这本书将带领我们走进乔的世界，那里有平和与关爱，对自己也对他人，告诉你一段真实的台湾女孩播种梦想火种，收获阳光雨露的绚烂经历！

（本文作者为一名法官，来自北京）

第一部

做梦是一种本能

1

为自己的梦想找到一个起点

不要逃避自己心里的声音，
聆听自己渴求什么，
因为心中那不断浮现的声音，
就是梦想成真的起点。

4

不能失去做梦的力量

我的故事要从高中的最后一年说起。

当时，对一个迷惘的学生来说，参加大学联考、通过窄门、升入一所重点大学念书，这样应该就可以跟大家交待了。大家是指爸爸、妈妈，老师、朋友，甚至亲戚。我的脑子很从众、很机械地想，如果分数够高，那就可以进入人人称羡的重点大学法律系或是成为对未来很有保障的师范公费生。现在想起来，这似乎不是我自己的想法，更多的是中国台湾社会对一个文科生的期待。我跟大家一样，在这样的学习环境下，小学上完上中学，中学上完升高中，高中上完考大学，一个阶段接着一个阶段，没有人告诉你为什么是这样。当然，偶尔会有一些脱轨的想法跳出来，也会很快地消失，因为那样会脱离跟大家共同的跑道，不会被家人、亲戚、朋友和社会接受，也或许，我压根没有想过我有什么选择的空间，就是以群体的步调走下去。

我的分数不够上人人追逐的热门科系、明星学校。选填志愿时，我只有一个想法，只要能上重点大学就好。我不断地说服自己选择重点大学是最正确的选择，只要上重点大学，科系不重要，兴趣无关紧要，专长也靠边站，自己的潜能或是未来的路更是想都没想过。为了"重点"二字，其他一切都不需要考虑。

那时，我觉得重点大学的招牌，就像光芒炫目的魔法皇冠，只要拥有它，不仅能获得赞赏，毕业之后的路似乎也会一帆风顺，加上我不想承受没有上重点大学的挫败感，尤其是那些小孩都是上第一志愿的亲戚们同情的眼神。现在想起来真的很傻，别人的眼光和评论只是一时的事，但是承担后果的却是自己。那时我还不明白这一点对人生至关重要，即使心里响起另一个声音，却完全被我强制地压抑和忽略，并且不停说服自己，"只要选择重点大学，其他的一切都不用管，这就是我想要的"。就这样，我糊里糊涂地戴上了当年我认为的从此将一路顺风的"重点大学"这个皇冠。

我选择了一条世俗眼光下安全的路，一条大家都认可的、没有争议的、觉得是理所当然的路。现在我终于知道，那样很软弱，会给自己留下很多后悔，不知道什么是试着了解自己和勇敢地面对自己，所以选择忽视自己心里的各种声音。

从发榜那一刻起，我的心中没有大学新生应有的雀跃与欢喜，亲人朋友对我的祝贺显得很诡异，填满我心中的是无尽的失落与担忧。失落的是，我没能进入自己觉得可能比较适合的科系；担忧的是，对于毫无兴趣的专业，如何找到未来想要走的道路和方向呢？虽然常常听到一句话，"Listen to your heart"，当时我怎么就没有试着去聆听呢？

向下沉沦的日子很容易过，大学第一年很快就过去了。我不觉得我学到了什么，当然这不怪学校，更不怪老师，责任全在我自己。对于没有兴趣的课程，我天天以敷衍的心态去上课，只要有逃学的机会我都不放过，课余时间就用来打工，还有迷失在大一的群体生活里，流连在社团活动、联谊、夜游、酒吧、夜店、逛街、聊天……的多彩多姿，有点放荡的年轻岁月中，没了家里大人的管束，更是肆无忌惮地熬夜玩乐，渐渐的，迷失的感觉慢慢在我的心中生了根，占据了我的生活。

有一次上阳明山夜游，回到学校宿舍已经是凌晨五点多，宿舍的大门早就关了，我们几个同学只能在校园里游荡，然后大家一起到附近的永和豆浆店吃早餐，一边吃早餐一边聊天，我们谈论未来，聊着现在的大学生活是否和自己升学考试前所憧憬的一样。有人说，通过考试进入大学后，就是要用力地玩，尽情挥洒青春，把以前不能做的都做了，未来的事未来再打算；也有人说，虽然以前准备考试的日子很辛苦，总是睡不够，压力超大，但是很有目标，生活充满动力和冲劲，现在过得很懒散很颓废，很没有目标。

而当下的我心中却有一种挥之不去、空荡荡的感觉，以前所幻想的大学生活和现在置身其中的很不一样。以前总觉得大学生活能为我提供一个追寻梦想的舞台，如今那种感觉比高中的时候离我更远。离开了准备联考的高中生活，终于迈入重点大学的梦幻园地，我的心里却是无尽的失落。从小到大，父母、老师、长辈总是对我们说，大学是人生最重要的阶段，是黄金年代，是最美好的时光，但是我为什么感受不到呢？"我到底要什么？""我能做什么来改变这一切？""未来我能做什么？"这样的问题，一直在我脑海里打转，挥之不去。

转眼就是大二上学期，我想应该找一些新的事物让自己忙碌一点，好让自己忘记、埋葬心中那迷失的感觉。我选择"英语系"为辅系，让自己的课表更加紧凑。我的课表的确满了很多，功课和考试也多了，原本以为这样的选择与新挑战，能让我渐渐习惯甚至喜欢上那样的生活，更希望能给我对未来带来一些启发与灵感，但是这些都没有发生，反而心中的问题和声音变得沉重而嘈杂。

一个冬季的午后，我和同学们一起在教室里听讲，一切都跟平时没什么不一样，ＰＰＴ一页一页地闪过，教授的声音和ＰＰＴ上的内容一模一样，整个下午在一边记笔记和一边发呆中缓慢度过。看着在讲台上讲课的教授，脑海中突然出现一幅似曾相识的画面。我彷佛看到我自己，三十年后的自己，一样地在讲台上讲课。脑海中出现这样的情景，我感到很惊讶、很不安，也很害怕，原因不是我看见自己成为老师，而是我竟然看到三十年后的自己是什么样的。

连二十岁都不到的我，很害怕自己的未来已经拍板定案，像是审完稿的剧本，情节、人物完全确定……于是思考这样的路是否适合自己，是否要在这条路上麻木地走下去，错过可能经历充满热情与冲劲、起起伏伏的人生。

当时的我太年轻，年轻的心承受不起失去做梦的力量，大多数人所追求的稳定，对我却不是福气，反而是一种枷锁，是一种限制。或许我的内心深处充满热血、想冒险，对于未知的未来，无限向往。突然而来的想法，带给我一种很单纯很开心的感觉，让我觉得我也有潜在的勇气，有待我自己去开发。

经过一年多的挣扎与迷失，我还是回到最初的原点，是选择继续对自己说谎，想尽办法说服自己去习惯不适合自己的人生，还是诚实面对自己？我在两者之间来回踱步，犹豫着，挣扎着……

最后，我还是按耐不住心里那个渴求诚实的声音，勇敢地和现实说"不"吧！因为我不能失去做梦的力量。

聆听与抉择

诚实地面对自己，不对自己撒谎，我的脑子开始会思考了。我反复地思考迷惘的原因以及解决的方法。

反躬自省，我对教育没有太大的兴趣，从事这种职业对我来说太勉强。我向来很尊重老师，我母亲就是老师，教育是值得人们奉献一生的事业。但是我若勉强自己当一个老师，将来我会成为一个不快乐的老师。一个不快乐的老师，如何真心去教导学生？我不想强迫自己，更不想误人子弟。

就现实层面来看，把老师当成一个职业，而我却不是公费生。也就是说，毕业之后，我不会被分配到学校里工作。我要先参加教师资格考试，如果通过了，才能成为正式的老师，而教师资格考试竞争非常激烈，对于不感兴趣的专业，我没有办法专心地投入精力去准备，所以对我来说，毕业几乎就代表失业。

一直以来，我很羡慕很早就明确地知道自己要什么的人，对自己的人生的方向有清楚的想法是一件很幸福的事，可惜我不属于这一种人。有一次，阿姨问我："不当老师，那你以后到底想做什么？你又能做什么？"我真的答不出来，面对这样的逼问，我有一种无能为力的感觉。对未来我有很多梦想，但哪一个适合我，我不知道，从哪里开始，我也不知道。

认真说起来，我最大的梦想似乎和职业无关，心里的那个声音只是单纯地想多看看这个世界、多接触这个世界不同的角落、不同的人和不同的文化。我知道这样的梦想很虚幻，很不切实际，甚至很可笑，几乎是会被别人嘲笑的那种，我清楚地知道这样的梦想很难付诸实践，但经过大学将近两年的无所适从和迷失，我决定正视心里那个想看看这个世界的声音，好好地聆听。想要实现这个很笼统的梦想，我要从哪里着手呢？出国、重考、直接工作，等等，我都曾考虑过。

终于，我选择完完全全重新开始，一切归零，放弃熟悉的环境，离开台湾，换一个地方。我觉得如果继续留在台湾，很难跳脱既有的生活轨迹与框架，更难有天翻地覆的改变，也很难拒绝亲朋好友的关心或是承受他们的指指点点，唯有离开自己熟悉的环境，离开自己的舒适圈，才能有时间和空间思考自己的方向，把自己丢到一个新的环境中，离开家人的保护和干预，我想在最短的时间内激发自己的适应能力与勇气。

　　我没有选择台湾学生的优先考虑——去欧美各国或日本，我选择了中国大陆。

　　想了解我们的邻居，但欧美高昂的学费会成为家里沉重的负担，去欧美对于未来发展的影响等，这些我都考虑进去了，而最重要的原因是，我觉得在这个时代，了解正在发展中的国家，尤其是金砖国家中的中国、印度和巴西比了解欧美国家更重要。一来因为我们对中国大陆和印度、巴西的了解本来就比较少，二来是因为这几个国家是巨变中的国家。而且到发达国家，像是英国、美国、加拿大、澳大利亚等国，现在去和五年后去的差异不是太大，但是变化巨大的发展中国家，随时都在剧烈变化中，改头换面的过程迅速且激烈，能够亲身参与那种时代潮流，将是我人生中宝贵的经历，更是无法取代与复制的学习过程。

　　但是去金砖国家中的俄罗斯，或者印度和巴西这几个国家，对我来说有非常大的难度，光是语言就是很大的障碍，因为我不懂俄语、印度语或是葡萄牙语，而台湾和大陆在语言方面没有明显的障碍，互相沟通起来比较容易，文化上也能有基本的了解，再加上，两岸关系牵连到许多层面，祖国大陆对我们的影响越来越明显，所以我最终的决定是，跨越台湾海峡，到大陆去。

I

am sorry

在这个决定的过程中，对于我的家人，尤其是我的母亲，我撒了很多不得已的谎言，原因是不希望他们为我担心。我知道家人的担心，尤其是妈妈的担心会变成我最沉重的阻力，所以我选择默默做决定，安静地执行我的计划。直到今天，我还记得我和妈妈说我已经休学，正在准备去大陆读书的入学考试时，她的吃惊与失望，直到今天我还是很内疚，I am sorry，但是我一定要尝试一次。

我去大陆之前，妈妈问我："你为什么想去大陆？"我回答："我想多看看这个世界，我也想亲身经历那种时代的大变化。或许以后我能为两岸的相互了解作出一些微小的贡献。"或许因为我的欺骗，妈妈很伤心失望，她冷冷地回答我："我没有你那种雄心壮志，你毕业之后，能有一份稳定的工作就很不错了。"我听在耳里，伤在心里，当时我没有办法给家人任何承诺或是保证我在大陆会过得比在台湾更好，有更好的未来，但这个决定是一个新的开始，也是一个未知的开始。

我深深明白妈妈的担心和反对，那时台湾还完全不承认大陆的学历，连讨论的声音都很微弱，如果我在毕业之后在大陆找工作不顺利，想回台湾，我就只有高中学历，到时该如何是好？加上很多亲戚是老一辈留学欧美的留学生，他们会如何看待我的决定？

我的想法却是，欧美经验不一定是最好的，因为不一定适合每一个人，最好的经验应该是最适合自己的，是自己创造出来的，所以我想创造自己的经历，不再当个追随者。我觉得我很幸运，生在一个亚洲国家和地区高度发展的年代，我期待有一天，西方各国的学生会争先恐后地来亚洲国家和地区学习，包括我的故乡，中国台湾！

父母亲永远觉得自己的孩子是孩子，即便孩子已经是该为自己负责的成年人，还是尽一切可能去保护。但是，有一天，孩子说要走入真实的世界，面对一切好与坏、美丽与丑陋。喜怒哀乐可以分享，但是经历的过程却是没有谁能代替的。妈妈，我知道你总是为我好，但是，I am sorry，这次的选择只有我自己可以承担。希望有一天，你能真正了解这个爱做梦的我。

来的勇气

就这样我又回到准备考试的生活，过着只和书本为伍的日子，已经两年没碰高中教材，如今剩下不到一年时间，要重新准备另一种升学考试，考试内容、出题方式及测试科目都跟之前台湾的大学联考不一样，加上要适应简体字，一年的时间当然是不够，但是我抱着破釜沉舟的决心，既然大胆选择了，就要大胆去做。我一天当三天用，重新再来的机会给我带来意想不到的振奋，我想是因为我感觉到我的梦想又在慢慢苏醒了吧！

很久没碰高中教材，加上两岸考试差别很大，获取考试资料的渠道不多，让我准备起来困难重重。我在图书馆找到一本介绍在大陆学习的书，花了一个下午仔细阅读，回到家更迫不及待地上网搜寻台生会，以便取得正确的报考和备考信息。在大陆国台办的网站上有很多正确的信息，很多学长则建议直接打电话到报考学校的招生办公室询问，因为大陆的高考和台湾的大学入学考试差别很大，报名前，要把所有信息查清楚问明白。

大多数的老师和同学都不赞成我的决定，他们认为我再过两年就可以拿到台湾的大学文凭，现在休学准备考试，等于是走回头路，纯属浪费时间。我和我大学导师说我要休学，准备到别的地方去读书。他问我去哪里，一开始，我不想也不敢说，最后逼问不得，只好说要去大陆。我还记得导师很不屑地对我说："没前途！"

更让我难过的就是，瞒着家人偷偷准备、报名，当家人和我谈到毕业后的计划时，我有点不知如何接话。记得那时，因为我读师范类科系需要教师实习，我休学没去，妈妈问起，就只能吞吞吐吐蒙过去。

往往在图书馆读书读到深夜，回到家很累，想跟家人谈谈心，却欲言又止。

当时也没自信回答旁人的问题，你休学要做什么？因为我也不知道这个决定是好还是不好，但我就是不想在台湾大学里安逸地过日子、拖时间。然而，习惯团体生活的我，一旦脱了队，真的有无所适从的感觉。

现实中有很多麻烦、很棘手的问题，但问题愈大，出去看看世界的愿望就愈强烈！我想，我一定要出去看看这个世界，去欧美很贵，我不想成为家里沉重的负担，加上祖国正在崛起，我觉得去大陆，对我来说是最合适的选择！

等待发榜的心情，比在台湾等大学发榜的心情更沉重、更复杂、更紧张，一想到如果考不上，好像什么都没有了，还要面对一大堆事，要面对沉重的质疑、烦琐的解释和来自四面八方的冷眼。

别人的眼光，会不去在乎

到中国大陆留学，在当时是少数；去欧美留学，一般人总是投以羡慕的眼光。认为大陆相对落后的老观念和亲戚之间攀比的心态，让我觉得我的决定很难向家人交待，尤其是家族中留学几乎都是选择美国和英国，这让我更加不敢对我的决定多作解释。

直到今天，很多亲戚依然不知道，我人生的转折点是在中国北京而不是他们所认为的美国或是瑞士。当初很多不看好我的朋友还是不了解我的决定。

但是，这就是我的亲戚和朋友，我没办法改变他们，我也不想改变他们，我只想走自己的路，用自己的行动去支持自己的决定。我坚信，路是走出来的，而不是说出来的，在这个过程中我学会了不去在乎别人的眼光，不管他们的非议和反对，相信自己和自己的决定。

从开始准备到发榜，我度过了孤独的十个月，我考上了。

每个起点是经过思考的选择

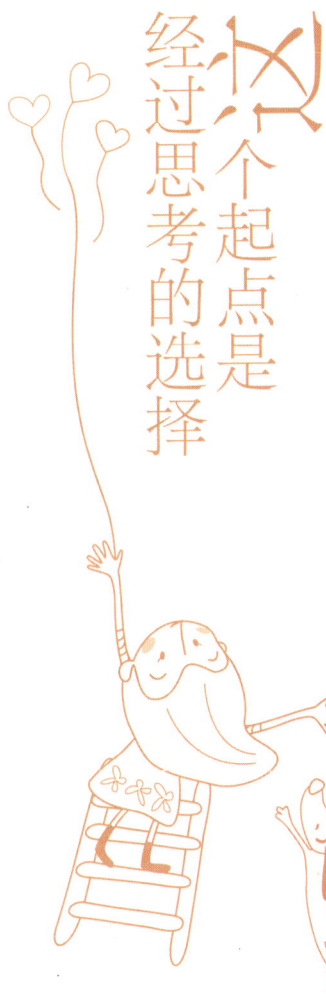

现在回头看我才了解，经历彷徨与迷失之后做的决定，是我梦想的起点！即便那只是很没有头绪的、缺乏计划的梦想，可它就是一个美丽的、充满无限可能的起点。因为我没有选择继续麻木、无意识地过日子。而这个决定却带领我走向世界的各个角落，引领出我人生中一连串的惊喜与故事。

就像是苹果计算机创办人Steve Jobs对史丹佛毕业生演讲时提到的："……如果当年我没有休学，没有去上那门书写课，大概所有的个人计算机都不会有这些东西，印不出现在我们看到的漂亮的字来了。当然，当我还在大学里时，不可能把这些点点滴滴预先串连在一起，但在十年后的今天再回顾，一切就显得非常清楚。我再说一次，你无法预先把点点滴滴串连起来；只有在未来回顾时，你才会明白那些点点滴滴是如何串在一起的。所以你得相信，眼前你经历的种种，将来多少会联结在一起。"

　　年轻的时候不仅心灵上的包袱少，现实的压力也小，比较容易义无反顾地去做一个决定、实行一个计划、追一个梦，在这个时候痛苦过、挣扎过、彷徨过、无助过、迷失过，总比忙碌了大半辈子才发现心里那个梦想的声音已经消失，或是被后悔取代要好。不要对自己说谎，勉强自己庸庸碌碌地过日子，不要逃避心里的声音，因为那是你最纯粹的梦想，聆听自己的渴望，找到那个起点。

♡ 梦想成真大声说：
　　聆听，就能找到梦想的起点。

♡ 梦想成真悄悄话：
　　离开 comfort zone（舒适圈），将会带给你很多惊喜喔！

2

用消去法选择你的道路

不知道自己要什么，
但是知道不要什么，
运用消去法来做决定，
让人生有意想不到的转折。

一路惊奇……

十年走来，

二十七岁生日，一个很特别的庆祝。

我和从新加坡、西班牙、波斯尼亚，以及印度来的好朋友一起庆祝生日，我们在瑞士的一家意大利餐厅，有红酒、意大利浓缩咖啡、意大利面，提拉米苏，一顿丰盛的飨宴，朋友们用中文、英语、西班牙语、法语、德语、克罗埃西亚语、波斯尼亚语、马拉亚拉姆语对我说"生日快乐！"那一瞬间我好兴奋，好像全世界都在向我道贺，虽然我们相识于工作场合，但志趣相投，各自带着一大堆故事，在瑞士相知相聚，我们不仅合得来，还能天南地北地聊，身在异乡，有好朋友陪伴，我觉得我很幸运，很幸福！

从来没想过，自己的足迹会在短短几年内，踏遍全球六十多个城市。更没想到，我会在离台北十万八千里的苏黎世工作，昨日种种和今日的一切同步在我脑海中放映、翻滚，我的思绪一下子回到了七年前，回到影响我往后人生的决定时刻。

二十岁不到，在众人的反对下，我毅然决然地作出休学及参加普通高等学校招收香港、澳门及台湾学生的考试，在没有退路的压力下准备考试，到澳门应试，只身在北京重新开始大学生活。

我人生的巨大转折，从那时开始……

22岁，获得中国中央电视台主办的全国英语演讲大赛最佳即兴演说奖。

23岁，参加全球青年领袖计划（World Smart Leadership Program），担任文化使者的角色，到八个国家游学和实习。

24岁，参加美国波士顿哈佛模拟联合国和北京国际模拟联合国；获得全额奖学金到瑞士苏黎世学习和工作。

25岁，到比利时布鲁日联合国大学比较区域融合研究中心从事实习工作。

26岁，通过四轮面试，进入全球前五百强之一的跨国公司工作，来回于苏黎世、伦敦和巴黎之间。

27岁，在伦敦接受传播方面的专业训练，取得专业证书，从事国际传媒工作。

回顾这七年，我惊讶于自己的改变和经历，每次回想起那个到北京重新开始大学生活的决定，我的心还是因为那份勇敢或是说大胆而悸动着，是那个决定引领着我走向做梦、追梦和实现梦想的舞台。

我用消去法来做决定，让我的人生有意想不到的转折

后来，很多朋友问我："你怎么知道你要的是什么？"我总是回答："我不知道，但是我知道我不要什么。"我不想过被安排好、顺着既定轨道日复一日的生活，我的生活应该充满惊喜，我不要总是听从别人告诉我什么是好的、什么是对的、什么是一条所谓比较顺利稳妥的路，即便会遇到很多挫折和困难，我也想要为我的生活和人生做主。七年前，有很多的选择在我手中：准备出国、重考、直接工作、继续在原来的学校学习和原来的生活。我不能一下子就果断地决定我要什么，但是我知道我不要什么，于是我就运

用消去法来寻找我的人生新方向。

我不要重考、我没有能力直接工作、我不要继续待在原来的学校、过原来的生活，我想要走出台湾去体验、去学习、去看看这个世界。第一个方向就这样出来了。

要离开自己熟悉的地方，到另一个地方学习，我想要选择去哪里呢？美国、英国、加拿大、澳大利亚、新西兰等英语系国家，还是法国、德国、西班牙等欧陆国家，或者是正在发展中的国家？

了解正在崛起的国家，在这个时代是非常重要的一件事，而中国大陆是全世界最受瞩目的地方之一，对来自台湾的我来说，没有语言障碍、可

以很快地理解彼此的文化差异，是一个很棒的学习和发展平台，所以我决定走向对岸。

或许是知道自己不要什么，我的每一步都踏得有些风险，却是心甘情愿。这样的选择，一步一步带我走到当初没有想过的地方，让我看到人生不同的风景。每次下决定前，其实都很焦虑不安，我不知道我把未来赌在某一条路上，是对还是错，这个决定会是我一辈子的遗憾还是人生的转折点，我没有把握，唯一能做的只有硬着头皮大胆地迈出脚步，判断过了、选择过了，就不后悔，我只能相信自己的直觉和判断，拥抱那份勇敢。

但是谁能真正地看懂人生、预测人生呢？谁都无法告诉你哪一条路比较好，谁都无法告诉你怎样才能实现你心中的梦想，就算是请全球最有名的预测大师都没办法解答这样的问题，唯一能做的是，勇敢地选择，不留下后悔的空间，而这种不后悔与成功和失败无关。

今天的我，面对作选择，依然有当初的忐忑不安，但是对于所做过的决定，我的心中没有后悔。

安理得的抉择

大陆高考的录取制度和台湾大不相同，最大的差别在于大陆大多数一等院校不招收把他们学校填在第二或是第三志愿的学生，就算你的分数高出该院校的录取分数很多，还是不会被录取，你必须要达到录取分数线以上，同时把该院校填在第一志愿，两者皆备才会被录取。以我来说，我把上海外国语大学填在我的第二志愿，考试结果，我的分数超过上海外国语大学的分数线很多，但我还是无法进上海外国语大学，因为这种一流的大学，为了确保他们能够吸引最优秀的学生，不招收把他们大学填在第一志愿之外的学生。

而我和第一志愿北京大学擦身而过，但我填在第二志愿的学校又不愿意招收，因此我只能进我填在第四志愿的北京联合大学应用文理学院（原北京大学分校），这让我沮丧万分！很不甘心！毕竟自己放弃了在台湾的一切，重新准备，从头开始。

不过我很庆幸自己的母校是北京联合大学应用文理学院。在这里，我获得了实现梦想的机会。

就是这样吧

记得刚到北京时，一些台湾的朋友和同学常常问我："你会不会想家？会不会不习惯？如果不好干脆回来吧！和我们一起熬时间吧！"我真的很感谢他们的关心，我相信他们都是为我好，但是我不知道如何向他们解释我心里的想法，所以我常常回答他们："都选择了，就先这样吧！"很多时候并不是我不愿意分享，而是人生当中很多的决定，真的很难解释。

后来，因为留学和工作的关系必须学习并适应德语和法语，没想到这两种语言也有"就是这样吧"的说法，法文是："C'est comme ça!"德文是："Es ist so!"有一次和法国同事聊天，谈到"人生当中作选择的问题"，他说不知如何解释的时候就回答："C'est comme ça!"我不禁笑了出来，因为我懂他不知如何解释的困境，就像当年的自己一样。

或许人生当中的很多决定不是我们能够用条列式的方法把所有的为什么和怎么样回答出来的，其中的情感牵扯、时机缘分、直觉判断或是那种"喜欢你没道理"的冲动，都不是可以用逻辑和理性去分析的。我想每一个人都有自己的人生要走，每一个人都有自己的长处和独特的追求。提起勇气追寻自己想要的，却又不是一件简单的事，因为我们很难不去在意别人的眼光和看法或是轻易地跳脱于社会现实之外。

　　到北京之前，关于大陆的一切对我来说都是书本上的文字，或是电视新闻、网络上的数据，像是人口、气温、沙尘暴、国民收入、经济增长、天安门、紫禁城、九门、羊肉串、长城……至于照片，也都不是第一手资料，很多是过时的、年代久远的资料，不能反映当下的情况。在北京的几年，我学到的、看到的、听到的、尝到的，就是这些文字和数据活过来、真实地在生活当中，可以用手去触摸，可以用眼睛看到，可以亲身去体会的。

　　北京的人口将近两千万，当我站在一条有十个车道的马路前，看着小汽车、公交车、脚踏车、行人充斥的街头，就能更立体地去了解人口逼近两千万的城市的这个概念；当偶尔沙尘暴肆虐时，除了阻碍视线之外，从学校食堂到宿舍短短五分钟的路程，全身上下没有一处逃得过风沙侵袭，这时候我更能深深明白沙漠化的可怕和环境对人们生活的威胁；跟从外地来北京的同学聊天，听听他们的故事和梦想，才知道有人一天读二十个小时的书，才知道什么叫作"我们全家都指着你了"的无奈和重担。

在北京的岁月，许多死的文字、数据都变成了活的故事和经历；我这才知道，原来世界真的很大，可以看的东西太多了，可以学的东西太多了，可以做的事也太多了，可以冒险的空间也很大！我想看看这个世界的梦想更坚定了，自己也比以前更勇敢。当初单纯地希望课本上的图片、数字、描述都能变成真的这个愿望，现在实现了，当一切都变成是我生活中的一部分的时候，反而有点反应不过来了。但当我和同学相约在北京西直门地铁站见面时，心里有一种梦想成真的快乐。呵呵，当初的想法，现在已经成真了！虽然不是什么惊天动地的大成就，对我个人来说，有一种成就感和那份梦想成真的幸福。

现在，对于到中国大陆求学的讨论越来越多，很多著名的杂志都有专门的篇幅做报道。从一个过来人的角度看，我觉得是否到中国大陆求学，别人怎么想，或是专家怎么分析倒是次要的，最重要的是，先想一下：

你真的想去中国大陆学习，还是只是觉得这是潮流？

到中国大陆求学要放弃很多，牺牲很多，承受很多，你愿意吗？

求学中国大陆，有很多风险，利弊难在短期内分晓，你觉得值得吗？

我和一些在中国大陆的台生聊过，有些人并不是自己想来的，多半是因为父母的工作或事业在大陆，不得已一起过来的，他们本人很不适应在中国大陆的学校生活，我觉得如果是这样，就算是有再多的机会，也是不适合自己的一条路。

对我个人而言，到中国大陆学习和生活有三大益处：

● 了解大国崛起

因为政治环境与历史变迁，海峡两岸的文化和思维方式存在一定的分歧，所以感受与了解中国大陆很重要，让我们更清楚自己的处境与定位。

● 体验全球化趋势

偏安一隅的我们，比较容易只往内看，不往外求，在全球化的浪潮和趋势下，在大陆，比较能够站在一个大国的心态和立场，学着往大处着眼，练就大气的眼光与风范，更深入地了解周边国家和国际局势的发展。

● 国际交流机会多

在大陆的高等院校里，国际交流的机会非常多，学校与学校之间的交往和交流比台湾的大专院校频繁，不管是国际学生交换、学术交流、院校合作办学、讲座等，都比台湾多。在大陆的国际交流机会，是一个跳板，是往世界舞台跳跃的平台。

♡ 梦想成真大声说:
就是这样吧！勇敢向前行。

♡ 梦想成真悄悄话:
体验大国崛起，实际了解世界是平的。

3

找个可以孤独的地方认识自己

和孤独做朋友，
更能认识自己。
和对岸做朋友，
更有机会认识世界。

一天当两天用

既有寒暑假，一天当两天用

离开台北到北京，语言不是问题，但是大陆对我来说，终究是一个陌生的环境。我好像发现新大陆的探险员，生活整体作调整，人生有了重组的机会，当然也有了重新认识自己的机会。

在北京的大学生活，不像在台湾有众多的诱惑；缺少朋友和家人的陪伴，我反而有更多的时间认识自己，多想想自己想要一个怎样的未来，也学会了人生当中很重要的一课——和孤独做好朋友。

孤独的滋味并不甜美，当我的北京同学们周末回家时，我只能把宿舍当成暂时的家，所以常常在周五的傍晚，格外地想家。过节只有几天假，台生、外籍生很少会回家（那时还没有便利的直航，从北京到台北，要足足八小时或是更长时间，因为要在香港、澳门、济州岛等地转机）。校园里少了很多同学，有时真是感到孤独，空荡荡的诺大校区，让人有一种失落的感觉。

尤其是我在北京重新开始大学生活，觉得自己比别人足足慢了两年，有一种时间上的急迫感，总是害怕再浪费时间就无法赶上同年龄的人。最大的刺激则是来自大陆的同学，他们大多数学习非常认真，每一个人都很珍惜能上大学的机会（我到大陆的那年大约有600万人参加高考，2007年的报考人数已经超过一千万，虽说录取率是56%左右，但是能上重点高校的学生百分比更小）。那种气氛和情绪也感染着我，让我加倍觉得可以读书是一件非常难得、非常幸福、非常值得珍惜的事。

那时的我一天当两天用，连寒暑假都很少回家。不是不想家，而是想在最短的时间里，学有所成，不辜负自己重新再来的决定。那段时间，我常一个人在宿舍，除了学校专业科目，我变得很会鞭策自己多学习英语，多看各类书籍，多感受、多认识北京这片土地和这片土地上的人、事、物和文化。

我在台北懒散的习性也改了，变得很会有效地安排自己的时间，或许是认识到这是自己的选择，不是被要求被逼迫的，于是变得很积极主动。我适应得很快，交了很多好朋友，英语越来越溜，可以把自己的生活和时间安排得很好。这些转变，我想都要归功于我学会如何和孤独做朋友吧！

挤出一年来

分夺秒，

　　大陆高校放假的时间和台湾的相近，暑假有两个月，寒假有一个月，三年的寒暑假加起来有九个月，从大一到大三的寒暑假我几乎没有休息，把本来安排在大四的论文和至少三个月的实习，提前在大一到大三的寒暑假完成，给自己争取到一整个学年的时间。因为把论文和实习都提前完成，才有机会向学校提出申请，在大四的时候出国参加全球青年领袖计划，不需要额外的时间来完成这趟旅程。

　　我想我的国际观的形成，和我在北京的生活经验有很大的关系。

　　到北京之前，我先入为主地认为，台北比北京富裕，台北比北京进步，台北当然也一定比北京国际化。但是在北京的几年，我认识从世界各地到中国的外国朋友，比在台北的时候多，光是来北京学习汉语的外国留学生就比台北多。各个高校的国际学生宿舍里，住着来自几十个国家的国际学生是稀松平常的事；多国使节长驻的使馆区更是各国政要、商界龙头往来之地；无数摩天大楼和现代建筑在北京这座古老的城市处处可见，一栋栋都出自国际名师之手。

　　这些让我不得不大大地改观，改观的不仅是我对北京的看法和了解，连同自己如何看世界的角度与视野也出现了重大转变，这样说并不是在批评自己的故乡——台北这座城市。而是感到自己过去的想法太过闭塞，太过狭隘，对于很多其他城市的了解不够多、不够深，很多想法都是成见，离事实太过遥远。

因为北京的国际化，有许多的国际学生在我们学校学习，大多是学习汉语，少数学习其他专业。从他们那里我了解到，中国政府每年提供许多奖学金给各国学生到中国学习，一方面促进了双方的文化与学术交流；另一方面，也给很多没机会出国的中国学生提供了和外国友人交流的机会。

我常常参加各类"Language Exchange"或"Culture Exchange"活动，和外国留学生用英语交流，因为学校里的留学生很多，也有很多外国教师，只要你肯把握，天天都有练习的机会，这也是我在台湾大学里没有体验过的。因为这些活动，让我有很多机会练习英语。不夸张喔，在北京四年，我想我的英语比到英美留学进步得还快。

北京的生活让我学会如何处理碰撞

适应新生活是在大陆求学的另一种挑战，也是扩大视野的机会。刚开始我很不喜欢北京的饮食，口味又油、又咸，每一餐饭主食占了大半，蔬菜类相较于台北少，海鲜也少，汤都是稠稠的酸辣汤、疙瘩汤、面片汤之类，感觉吃一餐饭就必须慢跑120分钟才可以把吃进去的卡路里消耗掉似的。以一个爱吃小吃、烫青菜、清汤、阳春面、虱目鱼的台湾人来说，每天的伙食真的是一个大问题。

直到几个正宗北京同学邀请我到她们家里去吃地道的北京家常菜之后，我对北京菜的印象才大大地改观。自家做的手工水饺、西红柿鸡蛋汤、炒土豆丝、打卤面、北京传统的烧炭火锅、涮羊肉……都非常好吃。

北京毕竟是个千年古都，又是国际政治主要的舞台，可以让你尝遍中国大江南北的名菜、领略各地的文化特色。在北京我第一次吃到了重庆名菜水煮鱼，还有北方菜羊蝎子火锅。之后每到北京，我都会迫不及待地去吃涮羊肉、水煮鱼还有羊蝎子。我想吃饭是一种习惯，时间一长，口味也会变，大江南北的美味本来就没有一定的标准，现在每到一个新的地方，我就忍不住要尝尝当地的特色菜。在不同地方居住过，我的胃口不仅变得多样，接受新事物的能力也在不知不觉中增强了。

在这样一个国际性城市，我适应得很快，也有很多碰撞和冲击。这些碰撞和冲击，现在回头看来，基本上都是起了正面作用的，是宝贵的生活经验。最重要的是，在种种不同的情况下碰撞出我对自己、对生活更深一层的了解，也给自己更多适应不同生活的能量与勇气。

放空自己，再去碰撞

　　在台湾，不管是在学校、宿舍，还是在家里，我找不到放空自己的能力和动力，周遭总是有事、有人让我静不下心来。

　　在北京读大学的那几年，从各国来的国际学生以及来自中国香港、澳门和台湾的学生都被分配在国际学生宿舍，我大多和另一个人或两个人分享一间寝室，我经常是独住的，不但有了自己的空间，独处的时间也变多了。宿舍不仅是我在北京的家，也是我个人的城堡，我在那里面对我自己一人，读书、思考、发呆、听音乐、做白日梦，尽情放空。

　　刚去北京的第一年，宿舍房间还没有装网络，要用网络得到团体活动室。在房间时，我便可以从信息爆炸的时代跳脱出来，找寻到放空的自由。

　　有时，我会一头栽进图书馆，那里是另一个放空的好去处，四周都是认真苦读的同学，人人都像是闭关苦修的隐士，专心致志，心里所想的只有纸上的乾坤，谁都不会去惊扰谁的神圣小天地。

　　有时候，天没亮透我就到图书馆，中午到学校食堂打饭，下午继续钻回图书馆，晚餐一个人在学校食堂吃，晚上在自己的宿舍度过。有时一整天不需要和谁说一句话，这样的放空给我意想不到的宁静与淡定，也让我有机会好好认识自己。

　　人是很矛盾的动物，我们害怕独处，但同时又需要独处，很多朋友和我说：

"我不能一个人上餐厅吃饭"，"一个人逛街好奇怪喔"。

"一个人看电影有一点丢脸。"

"人多静不下心来。"

"我需要一个人静一静。"

"到图书馆看书吧，那里安静"……

这些话都曾出现在同一个人身上。

挪威探险家、科学家和外交家弗里乔夫·南森（Fridtjof Nansen）曾说过："人生的第一件大事是发现自己，因此人们需要不时孤独和沉思。"但人又需要不断地接受新知，和环境经历去碰撞，才会往前进。

在北京的日子里，我得到了我的放空，用孤独去沉淀一切，而后得以重新出发；我也经历了各种碰撞，每天的新经验、新体会、新感触、新见闻，都让我不断探险、不断往前迈进。每一次放空之后的碰撞，都给我带来许多收获，也因为之前的放空，我更有能量去吸收碰撞所带来的经验。

那段与自己独处，让心灵放空的岁月，是我对北京的大学生活最美好的回忆之一，而那段岁月也为我后来接踵而至的变化做好了心理上的准备。

♡ 梦想成真大声说：

没有寒暑假，一天当两天用，给自己时间和自己相处。

♡ 梦想成真悄悄话：

找个地方让自己变得孤独，学会沉思，才有走出去的能量。

4 先完成一个小梦想鼓励自己

或许有一天，
我也能热血沸腾地用英语在播报台上和名人辩论；
或许有一天，
我也能在国际英语演说比赛中与各国好手较高下。

从与英语搏斗开始

对我来说，学好英语、在英语这一门科目取得高分、然后运用自如，达到Master English的境界是我的梦想之一。我想这个梦想同时也是许多学生的梦想，但也是很多学生共同的恶梦。到市面上随便逛一逛，英语补习班数不胜数、英语教材琳琅满目，都是为了帮助学子提高英文能力，但是真正有效果的又有多少？

我也曾经为学习英语而苦恼多年，花了很多时间和精力，但似乎还是不得其法，听不懂、说不出口、看不明白、能写的更是有限。我也上过很多补习班，但是英语能力也未见起色。在跌跌撞撞的学习之后，得出来的方法就是勤能补拙，很土，也没有什么快捷方式，就是每一天为自己创造一个三十分钟到一小时的英语时间。在台湾，我利用"空中英语教室"，每天把自己泡进英语的环境中，逼自己练习，一开始很苦也很枯燥，但经过天天反复的练习，慢慢地这样的学习方式变成了一种习惯，英语能力日积月累，渐渐地我的英语一点一点变好了。

　　到北京之后，收听"空中英语教室"不像在台湾这么方便，我开始利用北京的英语学习资源。中央电视台教育频道有一个节目叫作"希望英语"，这个节目和台湾的"空中英语教室"很相似，每天用一个主题进行教学。中午午休时，我会一边吃饭一边看这个节目，目的就是让好不容易养成的习惯继续下去。

梦想萌芽 希望英语,

　　"希望英语"会定期举办英语演讲比赛,我在北京的第一年看过"希望英语风采大赛"的直播。经过无数次比赛、层层选拔,最终站上中央电视台的决赛选手不到十位。当我看到从全国各地来北京参赛的大学生在舞台上展现他们傲人的英语能力时,我不仅为之赞叹,同时也被他们在舞台上的应答自如、散发出的自信与成就感所深深地鼓舞。

　　当时我英语学习的状况很好,加上在学校里时常有机会和外国同学、外国教授练习交流,信心大增。一个小小的梦想在心中萌芽,我常常想,或许有一天,我也能流利地运用英语在播报台上和全国各地的英语好手切磋。我想站上那个舞台。

　　在北京的第二年,我鼓起勇气报名参加2004年的"希望之星英语风采大赛",从北京市海淀区开始比赛。我每天抽出一到两个小时来准备,比赛内容分两部分,一个是命题演说,另一个则是即兴演说。我请从澳大利亚和美国来我校的两位外国教师指导,每星期分别去她们那里两次,她们会听我的命题演说,然后训练我的即兴演说,每次训练完,她们会给我提出意见和建议,还会给我布置很多功课,让我回去练习。有时,她们会很严厉地批评我,说我发音不标准、语法错误、音调不对、眼神交流没有注意……这些让我很受挫折，但是我还是继续坚持练习。

因为充分的准备，我顺利地通过了海淀区的初赛，晋级到海淀区的复赛。我还清楚地记得复赛的时候人山人海，这是我生平第一次参加人数这么多的比赛，先是分组竞赛，最后才是复赛中的决赛，复赛时我格外紧张，我看到很多选手在一旁准备，每一个人都很有实力，台风稳健，英语也很流利。要打败这么多的选手，真的是一件很困难的事。因为心情越来越紧张，我找了一个人比较少的地方做赛前最后的准备，稍稍沉淀一下心里那份紧张的情绪。我告诉自己，既然参加比赛，就一定要全力以赴。

我尽了全力，只得到海淀区的第七名，而比赛前六名才能晋级，代表北京市去参加比赛，我的"希望英语风采大赛之路"就此告终。失败的滋味，尤其是在经历过许多努力之后遭遇失败，真的很不好受。

重新再来
由度准备，

　　"希望之星英语风采大赛"的失败，虽然给我带来了很深的挫折，但是我并没有因此放弃我的梦想，我还是希望有一天可以上电视台，和来自大江南北的英语高手过招，所以我依然坚持每天的英语练习。不管是校内或校外的英语演讲比赛，只要有时间准备，我都会参加。那一年，我不仅大大提高了我的英语能力，还在这些大大小小的比赛中树立了更强的信心、磨炼自己的应变能力和增强面对失败的能力，并结交了很多有相同梦想的好朋友。

　　2005年，机会再度来临。每年中央电视台国际频道都会举办全国英语演讲大赛，那年我再度报名，再一次请澳大利亚和美国来的两位教师指导。不同于上一次的"希望英语大赛"，这次的赛前准备，除非老师没空，我天天都会去找老师练习，持续了大约两个多月。练习到比赛前，严厉的老师对我说："Joyce，我真的以你为荣，你这么努力，现在你的英语已经接近完美了！"听到这句话的时候，我真的好高兴！我心里想，接下来就是按部就班进行比赛，一关一关过，一步一步接近我的梦想。

　　从北京市海淀区的初赛、复赛，我辛苦地晋级到全国的复赛、半决赛、准决赛。准决赛在外研社举办，战况激烈，来自各地的英语高手一一现身，那时我极度紧张的情绪已经渐渐消退，取而代之的是一种观摩学习的心态，我认真地看着其他选手的表现，从他们身上学习。半决赛之后，主办方给我们留下了一个悬念，没有当场公布进入决赛的选手，要到第二天才公布、颁奖。外研社的社长致词时告诉我们，能打入半决赛，已经是非常不容易了。

那一晚，我没睡好，脑海里不断重复播放着当天比赛的画面，我一直安慰自己，我有机会的！好不容易熬到第二天。公布晋级全国决赛名单的时候，我真的是又想知道，但是又怕结果不是我所期待的，坐在台下听颁奖过程感觉很漫长。终于，我听到我的名字了！啊哈！晋级成功！

最后的决赛是在中央电视台演播大厅进行，参赛选手是来自全国各地的高手。比赛内容除了命题演讲、即兴演讲外，还包括与电视名主播辩论。光是想这些比赛环节就够让人紧张半天的，加上决赛是在中央电视台国际频道英语台进行电视转播，让原本就已经很紧张的比赛更加令人神经紧绷。

2005年8月15日，我和其他晋级决赛的选手一同到中央电视台进行赛前培训，到今天我还印象深刻。我们走进中央电视台其中的一个演播室大厅，那里已经布置成英语大赛的现场，导播大叔细心地向我们解释一些注意事项，然后让我们练习走台步。因为我们对现场都不熟悉，所以练习了很多次，到下午才结束。

8月16日，是我们正式站在中央电视台演播室大厅舞台上的日子，选手们早早地到电视台报到。我记得那一天，有一点像是去电视台上班的主播，到了之后就进化妆间，由专业的化妆师替我们化妆，化完妆装上随身的麦克风，能有在中央电视台录像的特殊经历，我们都很兴奋。一切准备就绪之

高度紧张麻痹了我的眼睛和耳朵，压力和期待从四面八方袭来，让我无处可逃

后，我们就要进行最后的决赛了。

我那天的命题是"Communication"，只给了一个方向，其他自行发挥。命题演讲不是最难的，每位选手对于这一环节都准备得很充分，也有很多之前的经验。无法准备的是即兴演讲，因为题目是当场抽的，更加无法预测的是即兴演讲之后，要当场接受中央电视台国际频道的当家主持人的提问并参加现场辩论。我们这些还没走出象牙塔的小毛头要用英文和国际台主播辩论，每一个人对于这一环节的比赛都感到很害怕。

主持人出场宣布比赛正式开始，简短地向观众介绍比赛之后就介绍评审，所有的选手都在后台极度紧张着。记得，我出场的时候，直播室打着明亮到刺眼的镁光灯，正对着我的除了现场观众，还有一排各个都是教授级以上的评审，而我的左手边则坐着三位主播，随时准备提问。

虽然整个直播室灯光明亮，但站到舞台上，我眼前却是一片漆黑，听着主持人的声音也是像耳朵上蒙了一层什么。高度紧张麻痹了我的眼睛和耳朵，压力和期待从四面八方袭来，让我无处可逃。当宣布比赛开始的铃声响起，我就演说我练习过数百遍的命题演讲，我知道我的嘴巴在动，但是紧张

的心跳似乎大过我说话的音量。

我抽到的即兴演讲题目是："关于现代科技给人类生活带来的好与坏"。我与中央电视台主播田薇进行辩论,在台上的时间大概不会超过半小时,但是集中精神的程度是我从未体会过的。和主播辩论,而且还是即兴,当场回答问题,还要把我想表达的意思用英文表达出来,这样的挑战是我以前没有经历过的。当然,当镁光灯打在我身上,一排的评审盯着我看的时候,那种紧张也是我从来没有经历过的。比赛一共进行三天,最后我得到了最佳即兴演说奖!

这场比赛似乎挑战了我的极限:短时间内非母语增进的极限,如何用英语与名人辩论的极限,还有面对极度紧张如何调适的极限。我更深刻地体会到什么叫作"台上三分钟,台下十年功"的含义。

直到现在,每当回想当时的摸索和准备过程,完完全全是靠自己的努力和坚持,那时觉得很理所当然,如果要我重来一次,我不知道会不会有当初义无反顾的勇气,但是现在回忆起来真的觉得很值得!也很佩服自己当初的傻劲和拼劲,就是向自己挑战,挑战那个小小的梦想。

附加价值

长大的

因为参加中央电视台的英语演讲比赛的机会，我认识了很多从全国各地来的英文高手，他们精湛的英文能力令我大开眼界，也让我佩服。比赛之后，我很讶异的是，当我和外国友人用英文交流时，他们有时会误认我是在美国出生的中国人，这让我暗中窃喜，高兴的不是人家认为我是在美国出生的中国人，而是他们对我英语能力的肯定。

我心里清楚，我的英语突飞猛进是因为每天不间断练习的结果，而那些从内蒙古、新疆、西藏来的选手，他们学习语言的资源比我更少，但是他们并没有放弃，反而更加努力。他们格外珍惜手上仅有的资源，并把它发挥到最大，这不禁让身在北京，资源充分的我感到由衷的钦佩。

比赛过后，我和一同参赛的选手们成为了很好的朋友，慢慢了解到他们英文学习的过程，和台湾的学生比较起来更为刻苦。他们可利用的学习资源比较有限，但这并没有成为他们的阻碍，反而让他们更加努力学习。或许英语好，掌握了这项能力，他们以后的工作机会也会比较多，任何一个能和其他城市连接上的机会，他们都会把握，但这也让我觉得在学习英文上蒙上一层淡淡的忧愁，学英文的背后，有许多的故事。

当年一起比赛的选手，现在都已是踏入社会的专业人士，他们有的成为中国外交部的外交人员，有的成为英语培训名校"新东方"的当红讲师，有的成为著名大学的年轻干部，有的出国深造在他乡发展……不管在哪里，从事什么工作，大家联络时还是常常会提起2005年夏天，我们一同站在舞台上，镁光灯打在我们脸上的那种感觉、那份激动，年轻的梦想，依然在我们心中发光发热。

你成为小小梦想的动力，持续发酵着

在北京有一个英语网络电视台，叫做Blue Ocean Network，简称ＢＯＮ，是专门为在中国的外国人以及想要来中国的外国人所设计的网络电视，除在网络上播出之外，在中国和美国的电视频道也收看得到。我到上海工作之后，因缘际会下，和ＢＯＮ的一个制作人有了工作上的联系，我的国际经验和CCTV的经验，让我在ＢＯＮ有主持一个英语谈话类节目的机会，虽然不知道最后会不会成功，但2005 年我在中央电视台英语演讲大赛的经验和收益，到今天依然持续发酵。当年一个小小的梦想，我今天依旧能够感觉到那股冲劲和能量。

在这些比赛之后，我觉得不要害怕去参加大型的或者是国际性的比赛，因为在全心全意的准备之后，必定有名次之外的收获，可能这些收获或经验会跟随我们一辈子。

♡ 梦想成真大声说：

有些经验会跟随我们一辈子，受益无穷。

♡ 梦想成真悄悄话：

有些收获不会立即让你明白得到了什么。

5

竞争力开始放光芒

了解并亲身体验中国崛起；
不要局限在一隅，放眼全球。

身体验中国崛起

　　在北京，我认识从澳大利亚墨尔本来的Anderson一家人，先生叫David，太太叫Libby，夫妻俩在我就读的大学教英文和西方文化，他们的两个孩子——Olivia、Zac，在北京当地的小学读书。

　　Anderson一家人不仅对中国文化感兴趣，更认为来中国取经，取"中国经验"是对他们自己的人生经验和对孩子的教育所不可或缺的一环。他们在北京工作和生活约有五年的时间，离开中国的时候，两个孩子的中文已经相当流利，他们一家人也结识了许多来自北京的好朋友。

　　他们在澳大利亚墨尔本的生活很舒适安定，夫妇俩都是老师，很多朋友对他们到中国工作和生活的决定感到非常惊讶与不解，有些人更认为他们把孩子带去一个发展中国家，会影响他们的教育与成长。这些反对意见并没有影响David和Libby的决定。他们放弃了一般人所认为较为优越的环境，来到了北京。他们在北京工作和生活的时光，不仅亲身经历了当代中国快速发展的时期，还在北京这个古老又国际化的城市认识了北京当地以及来自世界各地的友人，并和他们建立起了长久的友谊，这些都是留在澳大利亚所不能获得的人生宝藏。

David曾对我说过，很多人到中国来最主要的目的是为了赶上中国市场发展的势头、赚热钱；但是他们觉得，来中国亲身体验这里的文化和生活才是最重要的。他们从没想过要从中国带一分钱回澳大利亚，只想把在中国生活的经验和回忆好好地珍藏在心中，也以身体力行的方式教育孩子，勇于了解其他文化，让他们有机会亲身体验国际化和另一个全然不同于自己原生文化的国家。

David和Libby希望孩子有开阔的世界观，以及一颗面对不同文化的包容心。回澳大利亚之后，Olivia和Zac的学习进度比同龄的孩子快了整整一年，思想和看法比同龄人成熟开阔，而且还会说流利的中文。

在北京的时候，Olivia和Zac在日常生活中常常扮演"小小文化使者"的角色，向同学和友人介绍自己的家乡，自然而然地，他们对自己国家的历史文化和风俗民情产生了更浓厚的兴趣，通过向别人解释自己的国家，而更了解自己的国家。在不同国家生活的经历，也增进了他们对环境的适应能力，回到澳大利亚的学校里，他们没有出现跟不上或是适应不良的现象，反而表现得更出色，完全没有出现当时很多亲人朋友所担忧的现象。

经过这么多年，我和Anderson一家还是保持很频繁的联系，也常常提起我们在北京的生活点滴。David和Libby常对我说："人生就是一连串的选择，每一个选择都可能是生命中的转折点，对我们家而言，决定去中国居住一段时间，是我们做过的最棒的选择之一。"

我很同意他们的说法，到北京亲身体验，是我和这个澳大利亚家庭相同的选择，面对很多反对的声音，也是我们共同的经历，得到了很多意想不到收获，更是我们一生都珍藏且受用的无形宝藏。

善于了解其他事物，
不要一直看着相同的一个点

　　在北京四年，除了体验中国大陆的生活以外，我还有一个意外的收获，就是我和David和Libby一家学习了《圣经》和许多西方文学名著。Anderson一家人是虔诚的基督徒，乐于与人分享他们的信仰和生活方式，前后近四年的时间，我几乎像寄宿在澳大利亚home stay＋修习英美文学课程一样，我的英文能力突飞猛进，我对西方文化的了解也更加深入。

　　一开始，我担心我的英文水平低，无法和Anderson一家人沟通，更担心我的好奇心会给人家带来困扰和麻烦，但经过慢慢地相处与了解，我发现他们一家人不但乐于和他人分享西方文化，可能是因为他们夫妇都是老师的缘故，他们乐于教我他们所熟悉和拿手的东西。我鼓起勇气，时常向他们讨教，渐渐的，我们变成很好的朋友，他们一家人成为我在北京生活重要的一部分。

　　每周一到两个小时，我固定到Anderson家学习《圣经》，不管是不是基督徒，不可否认，《圣经》是西方文化最重要的一本著作之一，如果能和一个西方家庭一起学习，我想我会对西方文化有更深一层的了解，更能了解西方人为人处事的方式，进而能够更了解世界局势。

David就是我的《圣经》老师，他认真的程度让我敬佩。每次上课前，他都会准备一个小时，详细准备我们要讨论的那一章，每次见到他那本旧旧的《圣经》和上面密密麻麻的心得笔记及批注，就能体会到他做学问的认真与教学的热情！这也促使我加倍认真地学习！

Libby和Olivia很喜欢各种文学作品，我们常常相约看一本书，然后约一天一起讨论心得和感想，就像是读书会一样，有时，我们还会一起看以文学原著改编的电影。Libby对于很多西方文学作品有很深入的见解，她也很乐意教我，时间一长，我在她身上学到的非常多，从英美著作到加拿大、澳大利亚、新西兰、南非的英文著作，我都和她们一起阅读。一开始，我读得很慢很吃力，了解的也很有限。一起读完两三本书之后，我发现我的阅读能力变得很好，对西方文学著作有了不同于以往的了解。

我也常常充当保姆的角色，在David和Libby忙或是出差的时候，帮忙照顾Olivia和Zac。随着时光的流逝，我发现我们的感情越来越深，他们不仅是我的朋友和老师，更是我的家人，在北京认识的、从澳大利亚来的家人。

我想如果当时我没有鼓起勇气多了解Anderson一家人，我不会有后续的丰硕体验和收获。Libby对我说过："你的好奇心和勇气会带给你成功和惊喜。"我不知道我的好奇心和勇气是否可以给我带来这些，但是勇于了解自己不熟悉的地方，探求与自己不同的文化，好好把握身边的机会，看看自己的邻居，看看全球，眼光不应该只放在一个点，一直引领我走向国际，到各处探求更多的未知。

因为有梦，所以勇敢

要不要到中国大陆读书，现在似乎变成一件被人们热烈讨论的事，甚至我在杂志上看到"到中国大陆念大学的五大迷思"这样的文章，条列式地用逻辑去分析，举出到中国学习的好处和坏处。

当初我决定去大陆时，老实说我没有考虑这么多、这么细，也没有什么逻辑性。对我来说，就是单纯的探求未知的未来，加上自己心里想要"看看这个世界和我们的邻居"的梦想，我就这样踏出去了，很多的考虑都是后知后觉，到今天我依然不觉得到大陆读书是台湾学生唯一的或是最好的出路。每一个人都应该忠于自己的想法和直觉，别人说好，不一定好；别人说烂，也不一定烂。亲身体验，不管是正面的还是负面的经验，都有很大的成长空间，因为一切都是自己来，不假他人之手。

很多亲人朋友都说我很勇敢，甚至说我很大胆，其实我是一个很普通的人，我会害怕，我会彷徨，我只是抗拒不了我心中的梦想。直到今天有很多人，我身边的朋友或是亲人，仍然认为到中国大陆学习和发展是个很冒险的选择，甚至是个错误的抉择，我知道他们的想法，也尊重他们的意见，但是我更清楚地知道，自己的人生是自己在走的，旁人有发表意见的权利，但我有最终的决定权。

面对未知，感觉害怕、裹足不前，是再正常不过的事，但如果过分计算生命中的每一步，限制了自己放手一搏的勇气，如何明白世界其实充满着无限的可能？因为未知，所以我可以尽我所能地去发掘我自身的这个宝库，挑战自己的勇气，发掘自己不知道自己拥有的能力和能量。

亲身体验中国的崛起，让我拥有在中国大陆第一手的生活经验。勇于了解来自澳大利亚的一家人，带我走向深入西方文化之路。没想到，这样的经历对我日后的工作有很大的益处和帮助。这样的切身经历，不是透过报章杂志，或是别人的眼睛、嘴巴得来的，一步一步的磨炼都是在培养自己的勇气、适应力和学习力，综合起来，我的竞争力开始慢慢发光。

因为有一个亲身体验的梦，所以我变得勇敢。现在回想起来，很多的竞争力都始于简单的梦想吧！

♡ 梦想成真大声说：
勇于了解其他事物，不要一直看着相同的一个点。

♡ 梦想成真悄悄话：
亲身体验，不管是正面还是负面，都会有很大的成长空间。

第一部
旅行是做梦的起点

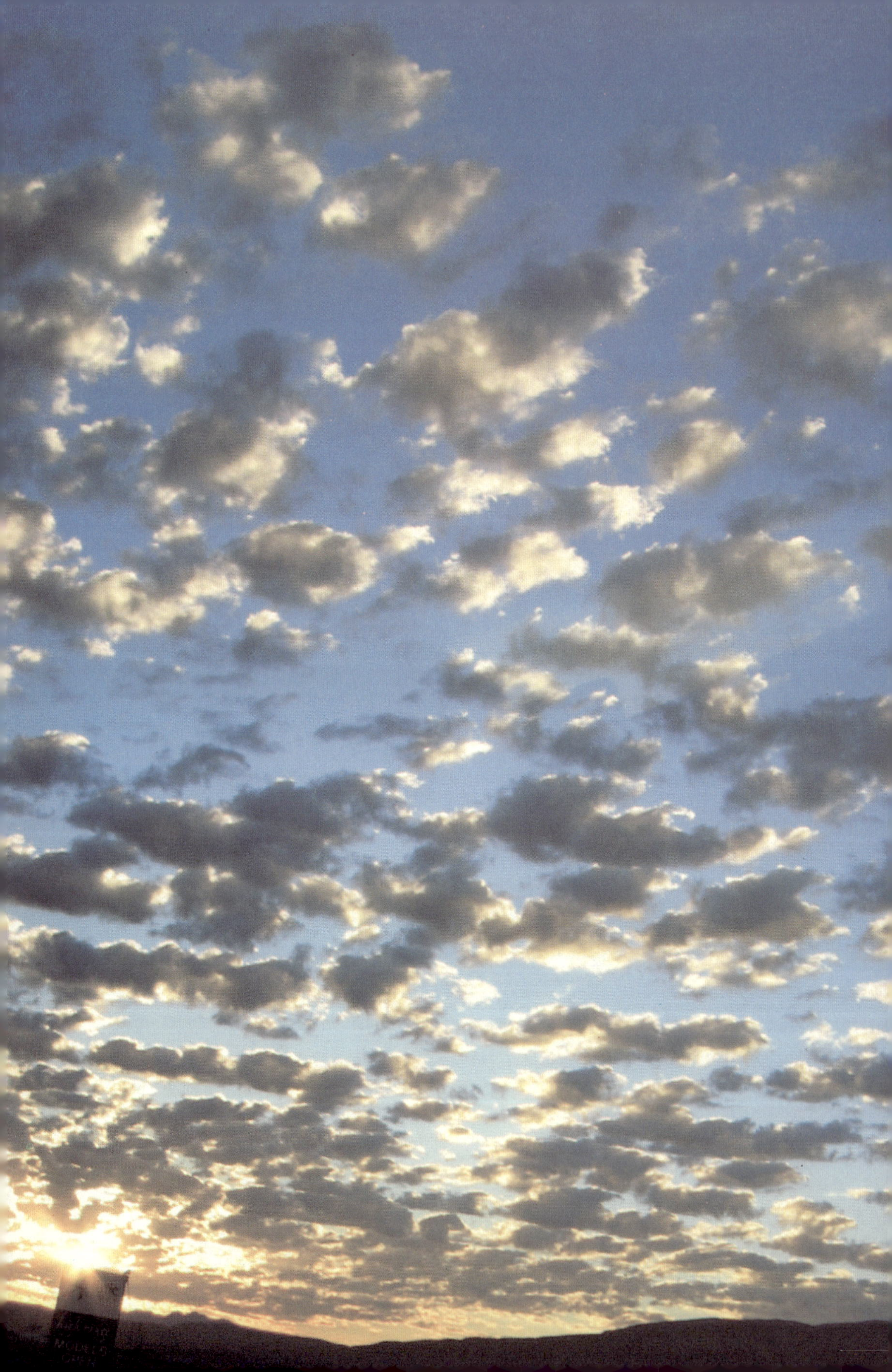

6

奖学金的意义

奖学金的真正意义，就是
Work hard! Play hard! Travel hard!

奖学金的港澳台

在北京读书的那几年，我陆陆续续获得了一些奖励港澳台学生的奖学金，2006年更获得北京市优秀港澳台学生一等奖，北京市政府颁发五千元人民币给我作为奖励。一笔一笔的奖学金我都没有用掉，而是小心地存好。看着户头里的钱一点一滴地变成一笔可以运用在有意义的事物上的小小财富，我觉得很开心、很满足，我决定把这些奖学金集合起来当作我人生第一笔旅游基金，赶在到瑞士留学之前，给自己一次尽情旅行的机会，身体力行地"Work hard! Play hard!"和几个好友好好把大中国游历一下。

花自己努力得来的奖学金真是一件很棒的事！感觉自己又往经济独立迈进了一大步，那种感觉和以往出去旅游大不相同。从小到大出去玩、参加学校团体的校外活动或是和家人一起出游，花的钱都不是自己的。这次花自己"赚"来的钱，除了快乐和兴奋，心里非常踏实与满足，还有满满的自信。

这趟旅程还没开始，我已经感觉这是一个很好的起点，以前在书本上读到"Work hard! Play hard!"心想那只是哄年轻人的口号，但在决定去旅行的当下，我便有了更深刻的体会，那些独自努力和书本奋斗的日子，将因为这次旅行更加值得、更有意义，而这趟旅行也会因为过去的认真付出而格外珍贵，因此我要再加一句Travel hard。

对我来说，奖学金的真正意义，就是Work hard! Play hard! Travel hard!

身体·心灵·行前准备

在这趟旅程之前，我完全没有自助旅行的经验，而比较接近自助游的一次旅行，还是和高中同学一起参加社团的花东脚踏车之旅，虽然只是短短的五天四夜，但是心灵上的震撼还是很大，也是第一次感受到旅行给人带来的快乐和暂离日常生活的耳目一新，花东的美景也给我留下了很深刻的印象。自那之后，一直没有机会真正去旅行，这次从选地点、路线安排、计划行程到实际执行都要自己来，这趟旅行真让人雀跃不已。

中国幅员辽阔，旅行还没开始，我们几个就为决定旅行的目的地伤透脑筋，讨论很久，最后决定几座让人心仪已久的城市：中国经济的龙头之一上海，新疆最西边的城市、也是中国最西边的城市喀什，雪域佛国的日光城拉萨，还有尼泊尔的首都加得满都。

我们决定以火车为主要的交通工具，这样不但可以看到沿途的风光景色，如果半途换车，顺便还可以把一些地方划入旅行的范围，一趟旅程下来，我们也算是乘火车横跨中国好几次。几个人计划着即将实行的"壮举"，都高兴得合不拢嘴。

因为是自助旅行，所以行前准备也就更加重要。我们没有很充足的自助旅行经验，加上我们要去的地方是自然环境比较严苛之处，除了疯狂地搜集信息之外，大家都像是要去考试一样，认真地阅读各地的风土民情、地形地图、天气概况、实用信息，以及前人旅行的经验谈，希望做好万全的准备。

搜集的资料越来越多，心理上的准备也就越来越完备，我想如有什么突发状况，就要运用信心、智慧和一点点运气来化解了。当然，我们列出了长长的清单，上面写上所有我们想的要准备的东西和事项，深怕遗漏了什么。

台湾人需要申请比较多的旅行文件，例如，台湾人到西藏旅游需要办理入藏手续。我们在网站上搜寻正当的途径申请入藏证，过程很顺利，没有遇到任何麻烦。同时到尼泊尔大使馆办理了尼泊尔签证。接下来就是联系朋友，麻烦他们当我们的接待家庭，然后预订青年旅馆。

当时购买火车票比较烦琐、困难，要现场购买，或是在火车出发前三至四天到火车站或售票口购买，无法通过网络订票。这对我们来说是一件很麻烦的事，因为我们旅行的时间是暑假，很多大学生都会回家或去旅游，这段时间购买火车票属于高峰期，我们只得在出发前四天的凌晨到北京站排队买票。还好，顺利地买到了开往我们第一站上海的火车票。

准备期间，我们发现网络上有很多专门为学生或年轻人旅游提供的信息，包括行车路线、学生旅游的讯息或是散客拼团的旅游方式等，我们觉得很有用，也从中获得了很多以前不知道的信息。例如，如何在有限时间内买到火车票。在这个过程中，我感受到和友人一同准备旅行的乐趣，希望更多的学生和年轻人可以轻松踏上旅程，遇见更多志同道合的朋友，共同遨游天地。

　　旅行时最怕的就是遇到强烈的水土不服或是生病，这样不但扫兴而且如果体力无法负荷旅途中的颠簸而无法完成旅行，那就太可惜了。行前三个月，我开始通过规律的慢跑、游泳和瑜珈来提升自己的体能。三个月下来，本来只有中等的体能，经过刻意的加强和训练，自己可以很清楚地感受到体力变好了，我慢跑和游泳的时间越来越长，但是不觉得不能负荷，精神也越来越好，这算是旅行前的意外收获吧！

解决问题的精神

从计划旅行到真正踏上旅途，会面对许多抉择，该如何下定决心选择？

在计划阶段，碰到三个主要问题：如何规划旅行路线？（那时心里想的是：不能选择一条不安全或是超级难走的路线。）如何合理分配旅行预算？（这个时候脑筋里盘算着：怎样才能用最少的钱，走遍最多的地方。）如何打包行李？（有很长一段时间，我们不断收集数据，尽可能去了解所到之处的地理环境和当地气候，以备好所需的衣物和用品。）

旅程开始，千奇百怪的状况接踵而至，比如看不懂地图、迷路，不会当地方言、难以和当地人沟通，碰到黑车司机敲竹杠……像我们这些小学读完读初中，初中读完读高中，高中读完读大学的制式化生产的升学宝宝，眼前碰到的问题课本上都没教过，一下子要当出纳兼会计，当导游看地图找景点，比手画脚和当地人沟通，的确增长不少见识。

锻炼自己应对问题的能力，在整个自助旅行的过程中，一点一滴体会"自己动手做"的辛苦与成就感，遇事勇敢面对，解决问题的精神在旅程中，慢慢在心中生根发芽。

7

上海的文化，我的气度

我希望我的气度可以像上海的文化一样，
兼容、大气，既本土又国际。

上海滩头十里洋场

自助旅行的第一站，我们选择比较轻松的上海作为热身，从北京坐火车到上海花了大约十一个小时，晚上出发，隔天不到八点到达。虽然我们迫不及待地想开始上海的行程，但必须先准备好旅程的第二站新疆喀什的火车票，在上海火车站把喀什的火车票解决，才放心地开始上海的行程。

大家都没来过上海，只能从上海旅游简易版开始，订了一个离大部分著名景点都很近的青年旅馆——"上海船长青年酒店"作为我们在上海暂时的家。船长青年酒店在上海有三个分店，我们选择下榻的是福州路外滩店，因为这个青年旅馆距离很多上海的著名地标：外滩、东方明珠、静安寺、豫园、城隍庙等都很近，对我们来说是一个既实惠又方便的最佳选择。

从火车站到船长青年酒店，我目不转睛地看着这个传说中的"东方巴黎"，上海有许多摩天大楼，但不像香港或纽约曼哈顿的高楼一般集中，而是不规则地散落在许多区域。一个拐弯、两个拐弯，我们已经徜徉在上海的街道当中。坐在出租车上往外看，有一种不是在中国土地上的错觉，一路上新旧建筑交错，有很多是20世纪各国租界留下来的建筑，有法式洋房、有英式建筑，还有带有美国纽约Town House感觉的公寓。

路上很多风情万种的咖啡馆，有些露天咖啡座很迷人，二十几分钟的车程，若不是路上的行人东方面孔多过西方人，我还真的有来到欧洲的某个城市的错觉；上海真是一个国际化的大都市。

到上海的街景，我的追星梦和怀旧情怀在心中翻滚着

　　从上海船长青年酒店福州路外滩店到外滩步行只要一分钟。青年旅馆是一幢有八十多年历史的建筑，有浓浓的欧式建筑风格，我们很兴奋，不停地拍照，酒店的大厅有很多来自各国的背包客，有的在认真地研究地图，有的在喝咖啡，有的在休息，有的在看关于中国的旅游书，让我们感受到了不同的旅游情绪。办好入住手续之后，我们禁不住诱惑地快步往闻名中外的外滩前进！

　　正午的外滩太阳超大，晒得人皮肤刺痛，由于午饭时间这里人很少，外滩的人行道仿佛是专门为我们开放的。

　　站在外滩往黄浦江对岸望去，浦东现代感十足的大楼一栋高过一栋，可以媲美纽约曼哈顿的金融区；相较于我们所站的外滩，这边则留下许多20世纪二三十年代的欧式建筑，浦东浦西，黄浦江两岸有着鲜明的对比，我想这就是上海的迷人之处吧！

　　上海有着让人怀旧的历史，诉说着20世纪的繁华，也有令人目眩的新潮，展示着时下的蓬勃经济，站在外滩人行道上，我感受着上海的过去与现在，新旧在我眼前闪耀，也在我心里回荡。

尝上海菜，甜得腻人

　　我们从早上六点多在火车上吃过早餐，一直忙到中午，没时间照顾五脏庙，大伙一致决定去尝尝地道的上海菜。

　　在旅店附近找了一家上海本帮菜家常菜馆，点了著名的上海生煎包、咸肉鲜肉笋尖汤、炒年糕、红烧肉及两个青菜。可能太饿了，大家都觉得上海菜出奇地好吃。尤其是生煎包，皮比小笼包厚，个头也比小笼包大，馅多汁多，加上煎得泛金黄色的酥酥脆脆的底，洒上葱花，吃的时候沾一点乌醋，真是别有风味！

　　咸肉鲜肉笋尖汤很好喝，也很有特色。很少吃到把两种做法的肉放在汤里一起炖的汤，不油不腻，咸淡刚好，竹笋加咸肉和鲜肉的组合很棒，汤里有咸肉的香味，鲜肉和笋尖的味道互相融合，有竹笋的清甜也有鲜肉的滑嫩顺口，让人想一吃再吃。

　　总体来说，上海菜口味偏甜，炒菜放的糖比一般家里吃的多很多，尤其是甜甜的青菜有点突兀，我想偶尔吃一两餐还可以，长久吃下来我们这些台湾胃还是不太习惯，不过能尝到上海美食，大家都很开心。

上海，在新世纪发光的城市

　　静安寺、豫园及老城隍庙是上海的古迹，南京路更是见证了历史的繁华，而外滩是新世纪的象征。上海是一座与时俱进的城市。

　　静安寺位于上海最繁华的商业圈之一（南京西路）。古老的静安寺旁边就是上海最顶级的百货恒隆广场。一边是宁静、虔诚，大隐于市的佛门古刹；另一边则是前卫、时尚，国际名牌汇集之处，视觉上形成一种特殊的景观，心灵上也给人很强烈的对比。静安寺如其名，寺院在闹街上，尽管外头的世界熙熙攘攘，但一走进寺中，即刻安静下来，像是走进另一个境地。

黄昏时分，我们来到豫园，园中亭台楼阁、小桥流水、假山造景、花草树木都有好几百年的历史，身处其中不禁觉得自己是在某古装大戏的拍片现场。最令我回味的是园中的大桥小桥，桥身曲折迂回，站在桥上，从每个角度看到的景色都有所不同。去豫园时，已经接近结束参观的时间，只能匆匆看过，我那时心里想啊，有机会一定要再来！

豫园和老城隍庙虽是古迹，但是城市的商业发展为了迎合观光人潮，在它们的外围建了一圈圈的商场，并且随着观光人潮增加而大幅扩张，把原本的景色都遮盖了。到豫园，必须绕过层层叠叠的商家。这些商家的叫卖声此起彼落，过于商业化的安排让原本的古意变了味，失去了庄严的气质，让人觉得很可惜。

乘着夏日傍晚的暖风，我们到南京路逛了一圈，这著名的商业街和上海的历史有密不可分的联系，是上海开埠后，最早建立的一条商业街，从外滩到静安寺，全长十里，洋行林立，这就是过去所谓的"十里洋场"。现在上海的南京路分成南京东路和南京西路，南京路步行街是在南京东路，路的两侧商家鳞次栉比，还有许多老字号的商号都聚集于此，这是上海商业最发达、最繁荣的地区，素有"中华商业第一街"的美誉。

我们在一间间老字号中流连忘返，感受夜上海的魅力，霓虹灯照出多样色彩，那样繁华，那样令人目眩神迷，走在经历过租界时代的南京路步行街上，电车的轨迹已经不在，相同的是川流不息的人群。

离开上海的前一天晚上，我们去东方明珠塔和外滩。在东方明珠塔的观景台上，上海的景色尽收眼底，让人不仅能登高看景，也能望远遥想。

唯一的败笔是，在进入东方明珠塔前漫长的等待过程。买票要等，排队进大门要等，排队进电梯要等，排队再上另一个电梯还是要等，而且到处都非常拥挤，过多的人潮无限制地延长了等待的时间，真正看景的时间大概只有等待时间的十分之一，让人兴致大减，不耐烦的感觉随着等待的时间增长而变得很难以忍受，真希望管理单位可以管控出入人数和观看时间，这样大家都可以享受东方明珠塔上的景色以及登高远眺的乐趣，同时又不必为等待和拥挤而苦恼。

最后一天晚上，我们坐在船长青年酒店的屋顶酒吧喝着饮料，身处20世纪建筑当中，静静地欣赏黄浦江对岸的灯火辉煌，遥望浦东高楼群聚的东方金融中心，我想这个东方曼哈顿正见证着上海的另一个黄金时代。

在上海短短的几天，我们见识了现代上海的繁荣，也领略了上海的历史文化。一个城市乘载着许许多多的故事，包容着千千万万的人，第一次的上海之旅，至今仍回味无穷。每次打开记忆中的那几天，各种景象又快速地回到我的眼前，我希望我的气度能像上海的文化一样，兼容、大气，既本土又国际。

8

新疆的大漠，我的眼界

我希望我的眼界可以像新疆的大漠一样，
无涯、浩瀚，无限宽广。

要看看那个最西边的城市

参加中央电视台英语演讲大赛的时候，我认识了一个来自新疆喀什的选手，他叫阿提力江·买买提，维吾尔族人。他给所有参赛选手都留下了很深刻的印象，他的语言能力出奇地棒，不仅精通汉语、维吾尔语和英语，还懂一些阿拉伯语；他不仅在比赛的时候表现精湛，和选手们的相处也非常融洽。

我们成为好朋友，想去新疆旅行，有一部分是因为他的鼓舞和他所形容的"他的家乡"——辽阔的沙漠、硕大甜美的瓜果、超过两千年的喀什老城、传统的歌舞……这些让我很向往，让我很想亲眼看看那传说中的"西域"到底是什么样的。

从上海到喀什没有直达火车，要从上海先坐火车到新疆的首府乌鲁木齐，然后在乌鲁木齐转车到喀什，而两段车程都特别长，从上海到乌鲁木齐我们坐了42小时30分钟，从乌鲁木齐到喀什又坐了24小时，虽然都是坐空调特快车，可中国幅员辽阔，从东到西路程漫漫，加上新疆的地理结构很大一部分是沙漠，火车要沿着沙漠的边缘走，增加了路程，所以为了到达我们旅程的第二站——喀什，光是在火车上我们就花费了很长的时间。

虽然在火车上的时间很长，但这却是一趟货真价实的火车之旅，由东到西横跨整个中国，从沿岸到内陆大大小小的城市和农村景观尽收眼底，从平地、丘陵、山地、河谷到沙漠，一路上经过苏州、无锡、常州、南京、蚌埠、徐州、商丘、郑州、西安、宝鸡、天水、兰州、武威、金昌、张掖、嘉裕关、柳园、哈密、鄯善和吐鲁番。

自火车西出西安，感觉好像是依照着历史课本上所说的汉朝使节出使西域的路线在走，虽然我们是坐着火车在跑，内心真是雀跃不已！啊哈！书上的东西成真了！死记硬背的知识成为眼前真实的景色，我们在火车上睡觉的时间很少，不是忙着拍照，就是忙着聊天讨论旅程。火车之行横跨中国，让我们大开眼界。

总计超过66个小时的舟车劳顿，加上正值暑假学生返乡的旺季，我们没有买到卧铺，只好一路"坐"到喀什，超过12个小时之后，臀部和两只脚的肌肉都开始发出严重抗议，又酸又痛。

整个火车厢大爆满，买不到座位票的人就买站票，不论是座位上或是走道上都挤满了人，没有什么活动空间。动弹不得的状况下，连想要起来活动一下的机会都很少，这样导致血液循环非常差，我记得我们下车的时候，膝盖以下，尤其是双脚，全都肿了。

上厕所更是一个久久挥之不去的恶梦，不但要排很久的队，还要忍受因为过多人使用而造成的脏乱和恶臭，我们是能忍就忍，不到最后关头，决不轻易去厕所。

从乌鲁木齐到喀什这一段路，我们换乘的是一列车龄很老的火车，同行的伙伴笑着说："这火车应该有五十年以上的历史了吧！"不夸张，火车看起来像是历史剧的道具，可能是因为车龄很老了，所以火车上的设备很原始，没有空调，座位是硬的，而靠背是直角，厕所不能冲水，火车开到哪，方便到哪。

我们在盛夏旅行，所以白天新疆的温度很高，超过40℃甚至到50℃也是稀松平常。大家把车窗开到最大以便透气，入夜之后，气温骤降，大概只剩下十几摄氏度，必须穿上薄外套。新疆的昼夜温差大得惊人。火车行经塔克拉玛干沙漠边缘时，偶尔沙漠中刮起的大风会夹带很多的沙尘，又必须将车窗及时紧闭，但由于车厢内没有空调，车内缺少氧气，闷得令人喘不过气来。

行经塔克拉玛干大沙漠的夜晚，我们就在开窗透气和关窗抵挡沙尘来袭之间度过。隔天接近中午，好不容易到达了喀什火车站。到的时候艳阳高照，不知是否因为在新疆，未到中午，太阳强度就足以把人晒晕过去。我们快步走出车站，我们的维吾尔族朋友们已经在火车站外迎接我们了。啊！三天的火车之旅，我们终于到达中国最西边的城市——新疆喀什了！

我的维吾尔族朋友们

到喀什的第一天，我们住在阿提力江的家里。他们一家刚刚搬到西式公寓，公寓的外观和一般的公寓没有什么不同，但家里面是传统维吾尔族的装饰布置，尤其是客厅，维吾尔族风格的雕刻和幔帐，加上维吾尔族的手工地毯，没有桌椅，大家席地而坐。

阿提力江的父亲出来迎接我们，热情地和我们打招呼，他的汉语很好，我们的沟通没有什么问题。放好行李，在客厅坐下来，一边谈天，一边享受了我们的第一顿维吾尔族家常美食。

吃饭前，他们拿出银色的水壶，给我们倒水洗手，依据维吾尔族的习惯，用餐前要洗三次，我们学着他们的动作依样画葫芦。阿提力江的妹妹出来打招呼，接着阿提力江的妈妈开始上午餐，满席的炖牛肉、烤羊肉、馕饼、西瓜、哈密瓜、葡萄和奶茶，我们看着他们准备的丰盛食物，觉得很感激。他们对台湾很有兴趣，追着问了很多问题，我们也很乐意满足他们的好奇心。

喀什的夏天非常炎热，中午到下午三点气温飙到40℃以上。维吾尔族人养成了午休时间很长的习惯，吃完午餐，我们入乡随俗，跟着午休了很长一段时间。但是实在太热了，室内没有空调，我不停地出汗，没办法睡着，只好闭目养神，把它当作桑拿浴。黄昏时，阿提力江说为我们准备了欢迎宴会，让我们准备一下马上就要出发。我们好奇地问他："要去哪里啊？"阿提力江和他的妹妹对我们说："It's a surprise!"脸上还露出神秘的笑容。

我们驱车到一个名为石榴花园的地方，一进门，葡萄藤蔓爬满了棚架，形成了一个天然隧道。穿过隧道，走进石榴花园，里面是一个个开放式的活动场地，上面有遮蔽太阳的棚子，每一个活动场地都有简单的音响设备，两旁还有长条式的台子，上面铺有地毯，还有长桌，可供几十个人一起用。

到的时候，阿提力江和他的亲戚朋友们几十个人已经笑容满面地在等着我们了，桌上摆满了各式新疆维吾尔族美食：大盘鸡、烤羊肉、炖土豆牛肉、洋葱牛肉饼、新疆拌面、抓饭、甜抓饭、皮提曼塔（烤薄皮包子）、红西瓜、哈密瓜、西红柿、红葡萄、绿葡萄、馕饼（薄面包）、各种果汁和奶茶。红绿白黑黄的颜色相间在我们眼前，还有浓浓的香味，看到这些，我们知道他们一定花了很多时间和精力来准备，他们的盛情款待让我们很感动！他们精心准备的维吾尔族风味十足的欢迎宴会和他们的热情好客，在我们心中留下了深刻的印记。

在这么多新疆维吾尔族美食当中，我印象最深的是抓饭和皮提曼塔。抓饭是用羊肉、胡萝卜、洋葱放在大锅里，用文火细煨出来的，是维吾尔族招待宾客的美食之一，羊肉放得不多，不觉得腻，却有一股很浓的香味，大家一起吃有共同分享的感觉，让抓饭吃起来更有滋味。吃素的人也可以吃甜抓饭，甜抓饭不放肉，而是用葡萄干，杏仁干等干果类来做，也是美味可口，有一点像八宝饭。烤薄皮包子，维吾尔语叫"皮提曼塔"，主要是用上好羊肉作馅，加上胡椒和新疆洋葱，味道香浓，口感油嫩，和我们平时吃的包子不同。不过这些食物都不能吃太多，吃多了就有很油腻的感觉。我的维吾尔族朋友们一直帮我们夹菜，我们如果说已经很饱了，他们会浅浅一笑，然后继续往我们的碗里加菜，让我们只能低头继续努力，不好辜负他们的一番美意。

欢迎宴会开始前，阿提力江的爸爸带头为我们吟唱了一首维吾尔族的欢迎曲，欢迎远道而来的友人，他浑厚且嘹亮的歌声，唱出了我们不懂的语言，但是我们听懂了他们的友善与好客。

一边吃饭一边谈天，我们渐渐融入了他们的谈笑。音乐中，维吾尔族朋友一个个到活动场地中央随歌起舞，听说过维吾尔族人人能歌善舞，现在是亲眼见识了！就连很多上了年纪的叔叔阿姨都是舞林高手，让我们看得入迷。他们似乎天生就很有舞蹈细胞，随着各种音乐自如地变换舞蹈，好像排练过一样。维吾尔族的男女大多数都浓眉大眼，很漂亮，而且很有舞蹈和歌唱天分，尤其是女孩子，就算不化妆，面部轮廓还是很深邃、有神，非常美丽。

第二天，我们在另外一个维吾尔族朋友阿斯甘德·汗木耳家住。他们家是古老的传统的维吾尔族建筑，有几百年的历史，整座房子是围着一个天井式的花园而建，每一间屋子都富有维吾尔族民族特色的建筑装饰，有彩漆、木雕、琉璃、花窗和砖雕，上面的图案有各种几何图形及风景画，不大的花园里到处都是别具匠心，有熏衣草般的紫色，有天蓝色，有玉石般的绿色，生动多彩。

维吾尔族朋友说，这里的传统建筑装饰技艺历史悠久，工艺精湛，声名远扬，也影响着周边地区的建筑风格。我们看着维吾尔族朋友家里，从花园、客厅、卧室、厨房、回廊、梁柱、屋檐等处，都用不同的建筑形式，在整座房屋上进行美化，使人感觉似乎走入了艺术殿堂之中。艺术在日常生活中随处可见，可以亲身体验这维吾尔族民居的独特风情，我们都感到非常幸运。

在阿斯甘德家只有短短的一天，感激依然在心中，感谢有这个难得的机会能在维吾尔族朋友们的家里体验他们的生活。短暂的体验，一直留在我们的记忆里。

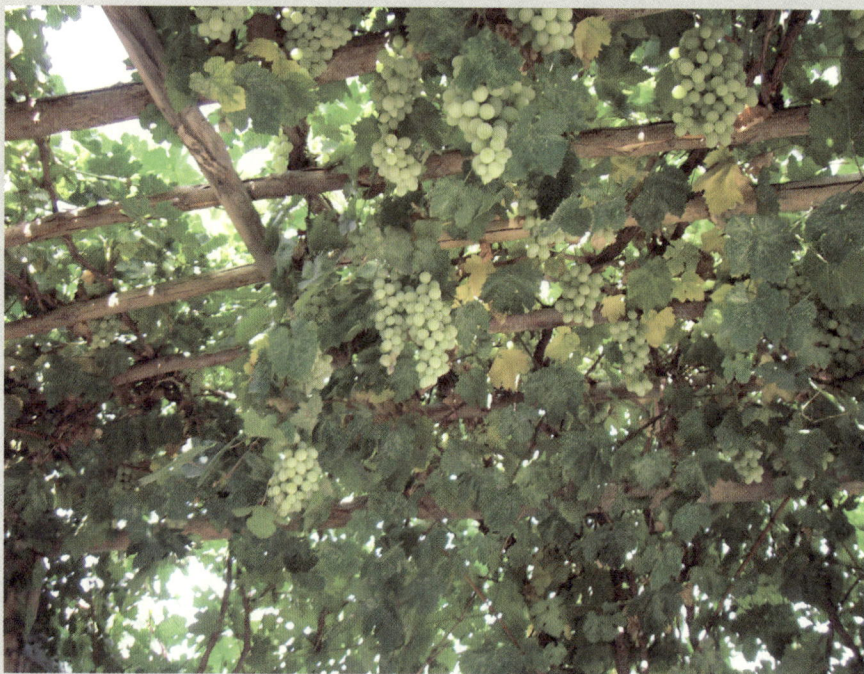

　　阿斯甘德的父亲租了一辆小轿车，载我们到中国和巴基斯坦的边界，走的是现在的中巴公路，这一条路被称为"天阶之路"。我们经过盖孜峡谷，沿路景色壮丽浩瀚，进入峡谷，眼前竟是地理课本上造山运动的景观，只是更加生动、张扬。两侧的山是红褐色的，树木很少，再往高处就是被白雪覆盖的顶峰，阿斯甘德的父亲告诉我们，远处的的高峰就是昆仑山第一高峰公格尔峰。我们所乘坐的车没有开冷气，中午这段时间在喀什地区行走是非常热的，途中停下来小歇，下车走走，沿着一条小路我们走到一条小溪前，大家都不约而同地把鞋袜都脱了，把脚放进溪水里，虽然是盛夏，但这高原上的溪水还是非常冷，冰冰凉凉的溪水的确很解暑。

　　阿斯甘德的父亲是一名专业的导游，他告诉我们，盖孜峡谷之所以闻名不仅仅因为它的天然景观，更因为它交通要塞的独特地位。在古代，这里是通往葱岭（帕米尔高原）的走廊，是连接东西文明的通道，现在则是中巴公路的一部分，地理位置从古到今都非常重要。在中巴公路上还有大名鼎鼎的汉代驿站——"盖孜驿站"，据说马可波罗和唐僧都曾在这里留下他们的足迹，现在这里也是盖孜边防检查站。我们都很想越过边界到巴基斯坦看看，但是没有办理相关的手续，也没有做任何的准备，只能作罢。

喀什老城

　　走进古城区，映入眼帘的是迷宫般弯弯斜斜的小径，还有层层叠叠拥挤的土屋。当那些蒙着面纱、穿着传统服饰的妇女走过我的身旁，时间似乎回到几个朝代之前。我想很少有城市像喀什这样，独一无二的位置加上独特的民族，当我在老城的巷弄里看到维吾尔族老工匠用传统的方式铸铁器，还有一个小贩在骡车上悠闲地在千年古城走过，这里的每一处都折射出两千多年的历史，以及西域不同民族以及中西文化交融出来的亘古魅力。

　　但是年代久远的建筑群面临着年久失修、基础设施落后、没有防火设施等问题。最重要的问题是所有的房屋都不抗震，喀什位于南天山地震带与西昆仑地震带的交集处，属于地震多发地区，而喀什老城的建筑物大都修建年代久远，土木结构的建筑占了大多数，为了居民的生命财产安全，老城改造势在必行，但是如何改造又面临着另外一个难以解决的问题：怎么改造才不会丢失喀什的历史文化特色呢？喀什老城是中国目前唯一保存下来的伊斯兰传统街区，许多具有上千年的历史遗迹都集中在老城区，对于研究古代西域城市来说，具有极高的研究价值以及不可取代性，在改造与保存文化之间，存在着困难的取舍。

中国最西边的城市

喀什是现在中国国土最西边的城市，也是中国一个古老的国际城市。早在两千多年前，喀什就已经是丝绸之路的交汇点，长久以来，更是中西经济与文化交流的枢纽和门户。直到今天，喀什依然是南疆重镇，与多国毗邻。以现在的眼光来看，它是一个内陆城市、边陲城市，但我觉得喀什是一个古老的国际城市。虽然喀什的发展不如中国的沿海城市迅速，生活水平相对来说比较落后，但城市景观宏伟，人民气度不凡，很多维吾尔族朋友更是汉语、英语和维吾尔语三语精通，加上他们从老祖先那里承袭下来精于通商的基因，让他们在这个沙漠的古老绿洲中生生不息。

接下来的几天，我们游览了赫赫有名的香妃

墓、艾提尕尔清真寺，也逛了一趟极具历史性和民族性的喀什大巴扎，参观维吾尔族传统乐器工坊和班超纪念公园，这几天让我有一种在西亚异域的错觉，走在喀什街头，每一处都在我的脑海里留下了深刻的印象。

听我们的维吾尔族朋友们说，每逢维吾尔族的传统节日，他们都会到艾提尕尔清真寺做礼拜，有些虔诚的伊斯兰教信徒还会天天来，我们入境随俗，到清真寺里做了祷告。依据伊斯兰教的规矩，祷告时也是男女有别，男人女人分开祷告，而妇女在未经同意前不能入内。我不是伊斯兰教的信徒，更多的是在观察伊斯兰教的文化和这座清真寺的建筑特色。这座始建于1442年的艾提尕尔清真寺，不仅是喀什当地规模最大的清真寺，也是新疆和全国规模最大的清真寺。阿斯甘德说，每逢传统节日时，从新疆各地来的信徒都会来到这里做礼拜，人潮会把整个寺院和广场挤得水泄不通。

喀什之旅美好却短暂，只有短短的十天，但是，几天当中，我的眼睛、大脑、身体和心灵所受到的震撼会一直留在我的记忆中。踏上开拓者班超、唐僧、马可波罗所踏过的土地，我似乎能感受到他们的气度、勇敢与坚持，我希望我的眼界可以像新疆的大漠一样，无涯、浩瀚，无限宽广。

随遇而安的能力

到一个不熟悉的地方旅行，心里无比兴奋，也有很多的不安。首当其冲的是到处走走的能力大为下降，在熟悉的地方，日常生活中的很多事做起来都很顺手，而旅行中，虽然做了功课，但初来乍到，火车站在哪里不知道，邮局或银行在哪里不知道，连便利商店也要花一段时间找，各旅游景点就更别说了，自己去找要花很多时间和精力，一些偏远的地方没有人指点更是找不到门路。

除此之外，最难的就是不熟悉当地文化和风俗，即便行前做了很充分的准备，但是到了当地还是会有很多意想不到之处，造成很多不习惯和不方便。

在喀什，洗澡和清洗换洗的衣服是很大的问题。喀什的夏天非常炎热，每天汗流浃背。没有洗衣机没有关系，夏天的衣服都很轻薄，手洗就可以，可是喀什缺乏水资源，我们住在朋友的家里，不好意思用太多水，但是在当地又找不到自助洗衣店，只好等到了乌鲁木齐再解决。

在喀什的几天，我亲身体验了水资源缺乏的生活方式，遇到这些生活上的不便，学习不抱怨，而是努力积极地去适应大环境。面对困境与不便，抱怨或是适应，其实就在一念之间，但是对旅行会造成两种截然不同的结果，前者会被负面的情绪笼罩，影响自己也影响他人，后者则是不让负面情绪干扰，想出解决办法，这让人渐渐具备随遇而安的能力，不仅是当中的经历磨炼智慧，而且培养人看到困难中的感动，还有发掘人在逆境中应付困难的创意。

9

西藏的天空，我的心灵

我希望我的心灵可以像西藏的天空一样，
清澈、纯净，充满梦想。

坐火车上西藏

铁路,

到西藏待上一阵子一直是我的梦想。在北京的最后一年,正好赶上青藏铁路通车,到西藏旅行变得方便、容易多了,不用花昂贵的机票钱,也不用承担公路安全的风险,坐火车上西藏成为我们的首选。

从北京到拉萨总共要46小时30分钟,全程4064公里,我们再度横跨中国。六个人一间包厢的硬卧,每个人都有一个小床可以躺下,空间不大,但是非常整洁舒适。虽说是硬卧,和软卧的差别也只是六个人一个包厢,而软卧是四个人一个包厢,每一个包厢都有很大的窗户可以看沿途的风景。

坐卧铺有一个好处,可以认识很多要到拉萨旅游的人或是返乡的学生,我们一行人分别在两个包厢里,所以大伙还有机会认识到一些和我们一样要到西藏旅游的年轻人、几个暑假回家的藏族大学生,还有镇守边关的军人。因为青藏铁路的通车,让大家的西藏行变得更加顺利。

晚上九点半,火车从北京西站发车,中间停经石家庄、西安、兰州、西宁、格尔木、那曲站。第二天傍晚六点左右,火车行进至西宁站,正式驶入青藏铁路,沿途经过三十几个地标,每处都是令人叹为观止的奇景。

最高点唐古拉山口,海拔超过五千米,是全世界火车轨道经过的最高点。经过这里的时候,火车上的广播告诉我们经过5072米的标高点,大家都在过道上还有窗户旁观看,我有点不敢相信自己经过了唐古拉山口,很难想象当初建筑这条铁路的工人们所遇到的艰辛。

途中我们见到了传说中的藏羚羊，在建设青藏铁路时，把动物过道也考虑进去了，以减少对青藏高原的动物生态的干扰。

经过西藏圣湖错那湖的时候，让我久久不能忘怀。错那湖湖水的颜色像是深海的蓝调入了天上的白云，加上一些祖母绿的翠绿，淡淡的蓝还有净透的绿，却又是那么的深不见底。那是我从来没有见过的颜色，让我看了又看，舍不得把视线移开，旅行前查资料读到过，错那湖是怒江的源头，也是全世界海拔最高的淡水湖，藏族人心目中的圣湖。

在藏族人的信仰中，女神掌管湖泊，所以很多想生孩子的藏族妇女会来错那湖绕湖朝拜。藏族人还相信，到圣湖祈福许愿的功效是平常的五倍，因

此，终年来错那湖的藏族人可以说是络绎不绝，可惜我们在火车上，不然也想到湖边许下愿望。

在进入青藏铁路路段后，火车上所有车厢会加氧，每个座位也都有氧气口，乘客如果觉得车厢里氧气不够或身体不适，可以使用专用的氧气。一路上，我没有任何不适，出于好奇，我还是吸了好几口纯氧！没想到，呼吸短短几分钟的纯氧之后，精神变得很好，很振奋，加上原本就雀跃的心情，将近两天的北京——西藏火车之旅，我几乎没有闭眼休息，眼睛、身体和心灵都贯注于体验这条天路：走向雪域高原之路。

高原之路

火车到达拉萨的时候是晚上八点，西藏的日落比北京晚几小时，我们可以很清楚地看见火车进站时的光景，火车走道上挤满了人，不管是来旅行的、来出差的，还是返乡的，大多数人都是第一次乘坐这趟火车，大家都很期待这一刻，随着车内的闪光灯此起彼落，拉萨站三个字慢慢出现在我们面前！

不同于新疆，中国台湾或外籍人士入藏不需要到当地的公安机关登记，但是必须申请"进藏批准函"，也称"入藏证"。依据西藏自治区旅游局的规定备齐所需的证件，在所在地的旅行社或直接向西藏旅游局驻各地的办事处申请，大约需要二到四天。

光城拉萨

八月的拉萨，虽然是盛夏，由于海拔超过3650米，没有夏天的酷热，外套反而是不可以缺少的配备。西藏海拔高，空气中的含氧量低于平原地区，所以一切活动的节奏都要放慢，尤其是不习惯这样气候环境的旅行者。刚到西藏的前几天，我们尽量放慢步调，甚至连走路和说话都慢了下来。

虽然气温低，但是拉萨的阳光非常充足，据说拉萨的年日照时数超过三千小时。我对这个数字没什么概念，但我们在拉萨天天都是大晴天，从没有遇到过下雨，连云朵都是淡淡的、薄薄的。阳光为拉萨穿上一件金黄色的外衣，让恶劣的气候环境在表面上看起来温暖许多，我想"日光城"的称号对于拉萨来说，非常贴切。

火车上匆匆一瞥的错那湖，加上拉萨四周环绕的高山，我渐渐明白藏族人为什么拜天拜地拜山拜水，敬畏大自然的一切。因为海拔高度的关系，这里的山不全是绿色，会因阳光折射而变换颜色，长年白雪皑皑的珠穆朗玛峰，也随着浮云变换颜色，大自然的景观看起来都有生命，似乎给人们带来心灵上的指引。

在拉萨，仰望天空变成我每天必做的事，那种蓝，是我一辈子没见过的，清澈、透亮、纯粹，长此以往地看下去，仿佛可以顿悟人生的大道理，拉萨的天空是那样震撼我的心灵，似乎找不到任何语言来准确地描述它。

　　前往色拉寺的途中，随处可见色彩斑斓的经幡，山壁上的玛尼堆刻满了六字真言。我很诧异这么高的地方还有经幡，连峭壁上都有玛尼堆，借着大自然力量的鼓舞，西藏人民在这片生存不易的土地上，形塑出独树一帜的文化，令人赞叹！

　　站在拉萨郊区的半山上，我才了解为什么世界各地的人想要到西藏来，这与他们是否信仰佛教无关，更多的是因为这片神奇的土地带给人们无限的沉思、洗涤人们心灵的空间。未来遇到困难时，希望我总是可以想起这里的天空，希望我的心灵一如西藏的天空，清澈、纯净，充满梦想。

我们住的旅馆是原本的尼泊尔领事馆，离八廓街和大昭寺非常近，步行或是搭三轮车很快就到了。在拉萨的那段时间，我们时而步行，时而乘人力三轮车，不管是哪一种方式到拉萨的老城区，我们都被路上的景色和人们所深深吸引。

八廓街是一条围绕着大昭寺外围的环形街道，是藏族人的转经之路，同时也是拉萨藏味最浓厚的地方。走进八廓街，好像走入另一个世界，传统藏式的民房环绕着大昭寺而建，形成环形的格局。环形街道的两旁，一边是摊贩，一边是商店，贩卖各种藏族饰品、藏族古董、唐卡、经幡……

砖红色、白色和金色混合的大昭寺，黑白交织的藏式民房，加上五颜六色的经幡，让人眼花缭乱。摊贩和商店中间挤满了朝圣者和游客。因为接近大昭寺，随处可见不远千里前来转经和祈福的藏族人，还有沿途跪拜、虔诚地磕长头的朝圣者。一旦进入八廓街，随着人群的方向，每个人便不由自主地往同一个转经方向走，藏传佛教转经的韵律结合了世俗商业的气息，散发出特殊的韵味和神秘的魅力，八廓街给我留下了难以忘怀的感受。

大昭寺是藏族人朝圣的最高目标，许多藏族人从千里之外以磕长头，五体投地的方式，走三步、整个身体往前扑倒在地、然后起身再来一遍，这样周而复始，一路缓缓地来到大昭寺朝圣。很多贫穷的藏族人用废弃的轮胎或是厚纸板当做护膝和手套。这些朝圣者有些从西藏边远的地区出发，一走就是好几年，经历好几个春夏秋冬，一路磕长头到大昭寺朝圣。在大昭寺前的桑烟中，磕长头的藏族人此起彼落，这些朝圣者的脸上有专注、有快乐、有坚持、有虔诚，我静静地在一旁拍下他们的照片，不敢打扰太久，只希望记录下信仰让渺小的个人闪烁伟大光芒的样子。

不同于大昭寺众多祈祷的藏族人，布达拉宫显得寂静许多，感觉上更像一座供人参观的博物馆。布达拉宫建在一座山上，分成红宫和白宫，红、白、黄三种鲜明的色彩相互交错，从拉萨市各个角落几乎都可以看到布达拉宫雄伟庄严的姿态。

藏族饮食初体验

　　第二天清晨，导游带我们到一家藏式茶馆吃早餐，旧旧的茶馆里坐满了来喝早茶的藏族人，酥油茶和生牦牛肉的味道扑鼻而来。茶馆还提供一种从尼泊尔传入的甜茶，它的味道有点像台湾的珍珠奶茶，只是少了珍珠，而酥油茶就是将砖茶用热水熬煮成汁，加入牦牛奶提炼出来的酥油再混入盐。两种茶，一甜一咸，喝起来别有风味，但酥油茶对我来说有些油腻，喝起来不太习惯，导游说，当地人一天要喝上十几二十杯呢！

　　酥油茶混合青稞粉，捏成面团就是所谓的糌粑，这是藏族人不可缺少的饮食之一，吃起来有一点像是没加糖的绿豆糕，但是质地较粗糙，可以依个人的喜好再加入砂糖。酥油茶和糌粑都是典型的藏族食物，但我实在吃不惯，或许待久一点就会慢慢习惯吧。

　　青藏高原平均海拔超过4000米，地势高，缺乏氧气，气候寒冷又干燥，蔬菜水果很少，一般藏族人的饮食非常简单，基本上就是四种食材所组合起来的：牦牛肉、牦牛奶、青稞、茶。藏族饮食的口味较其他菜系清淡，除了盐、糖和少许的葱蒜，没有其他的香料，一如藏族人的天性，朴实纯真，没有过多的装饰。

　　在拉萨，我品尝过酥油茶、糌粑、青稞酒、风干的牦牛肉、藏式包子和甜茶等，味道单纯原始，没有过多的加工，可以算是十足的健康食品！几天后，我们忍不住想吃一些非藏族食品，还好，现在拉萨市区有许多中式餐馆、尼泊尔餐馆和西式餐馆，中式餐馆以四川馆子占最多数，对旅行者来说，选择良多。

在西藏，有这么一句话来形容高原气候："欺男不欺女，欺老不欺幼"，说明高原气候对于男人和老人的影响比较大。不知道这句话是否真的有科学根据，还是幸运之神眷顾，在西藏，我完全没有一点高原反应，倒是同行的男性伙伴们，一个一个都出现轻微的高原反应，像是头痛、胸闷等。参观布达拉宫时，我们还看到很多女性工人搬运很重的木材，男性工人却是一个都没看见，不知道是不是在高原气候下，男人的劳动能力下降了，只能更多地依赖女性来从事体力劳动。

节能低碳的生活

　　来到拉萨，令我很惊讶的是，很多藏族人的房子都装有利用太阳能板来发电的热水器，通常是两片组合起来，聚集太阳能来烧水煮饭。因为这里日光充足，人们可以好好地利用太阳能这种环保能源。此外，传统上，藏族人会把牦牛粪做成燃料，可以说是"纯天然"的。真没想到节能低碳的生活方式早在这片土地上实行许久了。

10

尼泊尔的孩子，我的笑容

我希望我的笑容可以像尼泊尔的孩子一样，
天真、无邪，亲切可人。

越界到尼泊尔

结束西藏之旅，我们越过边界前往雪山脚下的另一个王国。从拉萨机场出发二十几分钟左右，在飞机上可以看到大片大片的雪山，珠穆朗玛峰就在机外。在飞机上俯视在云海中的珠穆朗玛峰，真是一个很奇妙的经历。

初到尼泊尔，我们选择了一家青年旅馆住下，可是，原本我们在网上订的青年旅馆有免费接机服务，说好了要来接我们，但是我们等了很久都没有来。另一家青年旅馆的司机一直怂恿我们去他们的旅社，说比我们在网上订的还好，而且也提供免费接机的服务。虽然很怕上当受骗，但我们当时没有其他的选择，看着小旅游车上其他从不同国家来的年轻旅客，想想，还是冒险一次吧！

到了青年旅社之后，我们不但没有失望，反而收获良多。那是一个很便捷的旅社，是许多背包客的首选。这里除了整洁方便之外，还提供很多免费的旅游信息，我们因为想要看的东西不同，所以决定各自选择自己想要走的路线，晚餐时在青年旅社见面。

　　我选择到老城区走走，体验一下加德满都的城市魅力。加德满都是一个充满寺庙的城市，每一个转角就可以看见寺庙，难怪加德满都有"寺庙之城"的称号。路上有很多卖小东西的摊贩，整个城市弥漫着桑烟和香料的味道。都市街道很窄，路面年久失修，很多坑洞，车子来来往往，溅得路人一身都是路上的积水。令我惊讶的是，那些被水溅到的人们不但没有生气或破口大骂，反而笑容满面地和车上的人打招呼或友善地互相调侃一番，这样的情况如果发生在台北或北京，可能早就互相指责起来了。

　　接着，我到杜巴广场感受当地人的生活。广场上人群熙熙攘攘，车辆川流不息，我边走边看，想象广场的过往、感受广场的现在。我在一旁的小摊买了些小吃，边走边吃，别有一番趣味。走着走着，来到一座不知名的佛塔，佛塔非常壮观宏伟，从大门进去后看到围绕着佛塔的广场，广场很开阔，两旁有很多小摊贩。当我正要买冰激凌消消暑时，有一个僧侣走过来，在我来不及反应之下，在我额头上点了朱砂，然后口中念念有词，状似开始为我祈福，然后停下来对我说："10 dollars for blessings, 10 dollars for blessings"。听了他的话，我才反应过来，原来他向我要"祈祷费"，我礼貌性地说声谢谢，转身要走，没想到他却拦住我的去路，这样的举动让我很不高兴。强行为人家祈福，还要强迫人家付钱，我匆匆丢下一美元就快速离开了。

朴俭约的日子

　　几天后，我和一同参加全球青年领袖计划的同学娜努联络上了，她很热情地邀请我们去她家里住。娜努家里有妈妈、哥哥和妹妹，他们一直热情地对我们说："在尼泊尔，我们的家就是你们的家。"我和他们一起生活了好多天，亲身体验了当地人的生活。

　　因为物质比较贫乏，尼泊尔人的日常饮食中很少有肉类，半个月或更久才吃一次肉的现象很普遍。一般的尼泊尔家常菜很简单，白饭、咖哩马铃薯、蔬菜、茄子加土豆泥就是一餐，简单但是很可口，蔬菜和茄子加上香料很下饭，不知不觉就吃完一大盘。

　　娜努家没有热水，夏天虽然很热，但是习惯洗热水澡的我们，天天洗冷水真的不是一件舒服的事。但是娜努一家对我们的热情招待，看着他们笑容满面的脸庞，生活上的不习惯变得无所谓了。

　　娜努家没有网络，我们要到离她家不远的网络＋电话公用小店才能上网。狭小的店里大约有十台老式计算机，没有宽带，只能拨号上网，另外有两台电话可以拨打国际长途。老板待人和善，很喜欢和人聊天，附近很多孩子都喜欢来这里用计算机，付不起钱的孩子就在玻璃窗外面看，店里店外的孩子都是一脸笑容。

　　在尼泊尔的日子里，我亲眼见到我没有见过的贫穷，但我也见到了我没有见过的纯真笑容。希望在以后的人生道路上，当我快要失去童心的时候，能想起在这里的这些时光，希望我的笑容可以像尼泊尔的孩子一样，天真、无邪，亲切可人。

知足常乐的态度

西藏和尼泊尔之旅让我看到很多我不曾看到的贫穷，更亲身体验了什么叫作恶劣的自然环境，还有什么是资源匮乏。虽然在这两个地方呆的时间不长，只能看到当地人生活的表面，但我还是能感受到藏族人民和尼泊尔人民的生命韧性和他们知足常乐的生活态度。在这两个地方，我见到了比台北、上海，或是北京那些繁荣城市更多的笑容。

这样的经历让我深深地折服于藏族人和尼泊尔人的惜福乐天，更让我加倍珍惜在台湾的一切。这段旅行给我带来的感动到今天我还能感受到。旅行，不仅是这个过程历练人，而且能够培养人面对困难的信心和能力。

新的开始

对一个平凡的大学生来说，旅行原本只是一个遥不可及的梦想，但我用存下来的奖学金，开创了生命中另一个新的起点，新的未来。旅行成为我扩展心灵、活络生命的一种方式。旅行，不仅仅是我热爱的兴趣，更是一种不可或缺的需求。

第三部

环游世界，梦想成真

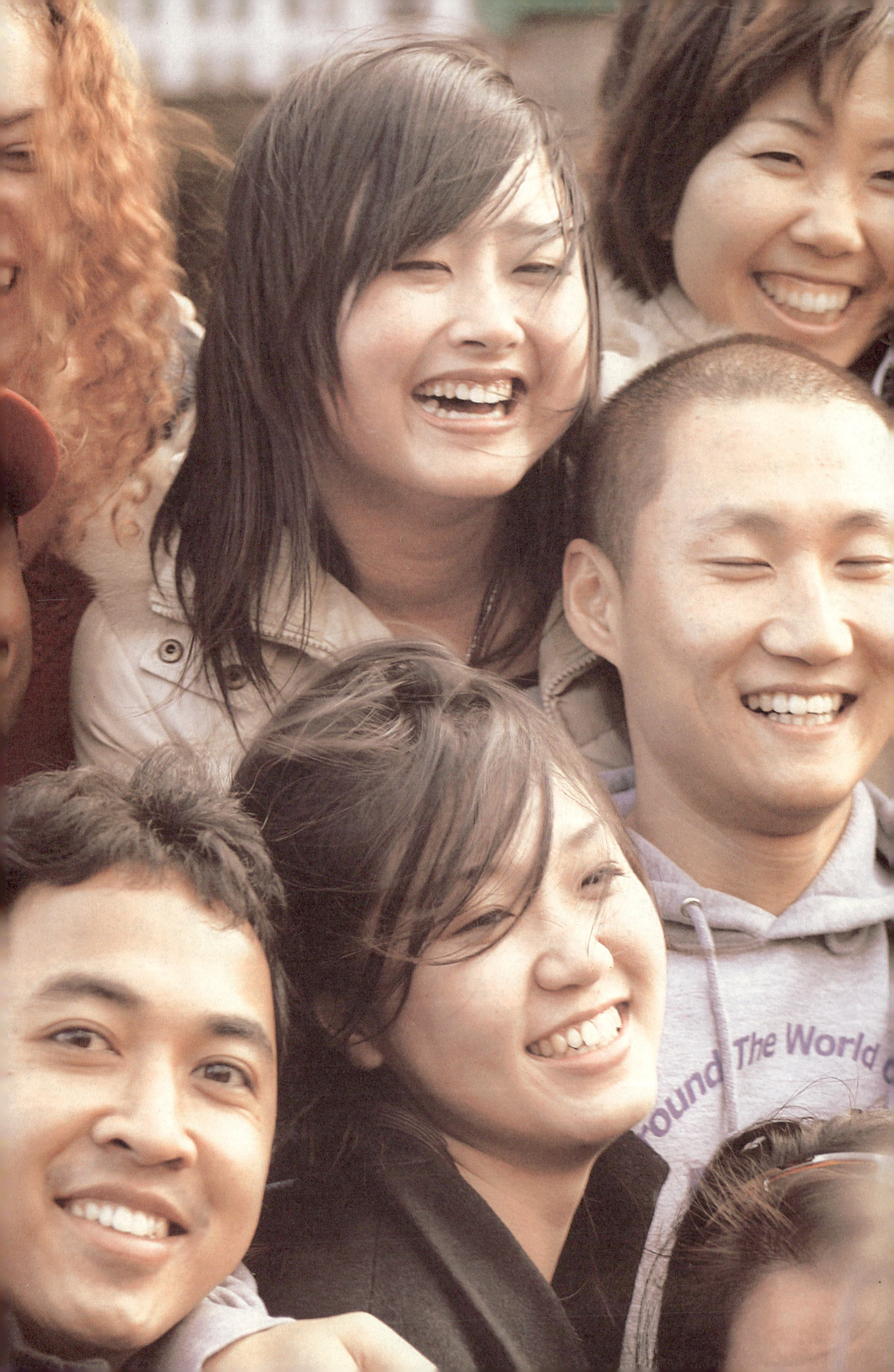
ound The World

11

网络时代

在无限广阔的网络世界里，
我真的找到了宝藏，
这也是我争取奖学金、圆我环游世界梦的开始。

奖学金帮我勇闯天涯：成为世界通

在北京联合大学应用文理学院，在校学生周末都可以选修其他高校的课。当时我选修了北京大学医学院的医学美容入门课程，以及北京电影学院的电影赏析课程，给我在北京的大学生活增添了更多的乐趣和色彩。

大三的一个周末，我在北京大学医学院校园内布告栏上看到一篇报道——《北京外国语大学学生入选全球学生领袖将游学七国》，这个消息让我眼睛一亮，迅速看完报道之后，我把主办单位、赞助学校，以及这个计划的名称写下来。回到宿舍便上网搜寻关于该计划的一切信息，还看了《大学生》杂志上的相关报道。最重要的是，我找到了主办单位的官方网站。在无限广阔的网络世界里，我真的找到了宝藏，这也是我争取奖学金、圆我环游世界梦的开始。

花了几天搜集相关资料，详读申请条件和申请过程，我决定为自己争取一次勇闯天涯的机会。许多人都有环游世界的梦想，碍于经济条件，多数人都无法成行。尤其是在学生阶段，有满腔的热情与勇气，却没有充分的经济资源。当我看到有这样的机会，毫不犹豫地提出申请，虽然我知道竞争很激烈，但还是准备奋力一搏！

漫长的申请过程

　　从决定要申请"2005年全球青年领袖计划（2005 World Smart Leadership Program）"到正式获得最高奖学金，整整花了六个月，繁复的申请过程不亚于申请外国的研究所。虽然过程既烦琐又漫长，但得知被录取时的兴奋之情真是笔墨难以形容，好像实现了高考的第一志愿，所有的努力都没有白费，之前担心无法通过考验，现在终于可以放下压在心头那块沉淀淀的石头了。

　　第一步是在网上提出申请。这是第一轮的资格审查，必须详细说明本人的基本资料、教育背景、工作或实习经验，并准备相关论文。

　　我觉得简答和论文是最具挑战性的地方，感觉好像在申请欧美学校的研究所。我花了很多时间准备，很认真地回答每一个问题。在论文上，我也是再三思考过后才提交，个人陈述虽然是自我介绍，但是要怎么把自己以书面的形式介绍给别人，并让对方觉得你够资格参加这个全球计划，不是一件容易的事。

第二步是面试。由于我无法到美国面试，所以选择电话面试。电话面试大约是45分钟，我的面试官是当时 "Up with People" 组织（人人至上组织）的总经理Bob Sloat先生。我们谈得很愉快，他问我很多不同的问题，从全球化对小区文化的影响到我的兴趣和爱好。那是我第一次用英语参加面试，心里很紧张，深怕听不懂对方提出的问题。所幸，我所担忧的情况没有发生，我顺利地回答了每一个问题，成功地完成了电话面试。

经过一个月左右忐忑地等待，我通过了电话面试！

面试通过之后，新一轮挑战是申请奖学金。为了申请高额的奖学金，我几乎是废寝忘食。这趟全球旅程所需的费用是14250美元，如果没有90%以上的奖学金，我不可能支付这笔庞大的开销。奖学金的申请是依据你的能力以及需要而定，除了论文之外，还要再参加一次面试——电话面试。

最后，我得到了2005年的最高奖学金一万一千美元！加上"空中英语教室"的一千美元奖学金，我就有机会一圆我环球旅途的美梦。

漫长的申请过程中，我思考了很多，学到了很多，让我知道我不比任何人差。我没有上台湾大学，也没有上北京大学，在升学考试这条路上，我不是优胜者；相反的，在这条路上，我曾经尝过很多挫折与失败，但我依然相信我有能力和毅力争取到我想要的，一关接着一关地通过，最后的结果更让我有圆梦的可能！

　　我在2005年5月通过层层筛选，以首位中国台湾籍学生身份正式入选全球青年领袖计划。2005年8月1日开始到12月12日，我与54位来自26个国家与地区的学生共同交流学习，并游历了美、亚、欧三大洲，十个国家，26个城市。

　　在这期间，我拿到了与"Up with People"组织合作的大学的四门课[①]，共12个学分，并在德国爱尔福特当地的教育局办公室实习两周，两个月的新闻组实习，得到三封推荐函，更重要的是让我的信心和勇气倍增，眼界开阔许多。

　　勇气让我去追求一个环游世界的梦，当旅程结束回到北京，我真的有做了一场梦的感觉，一场很美很精彩的梦。对我来说勇闯天涯似乎更真实了。

　　五个月的旅程，我的脚步走过了很多我不曾想过的地方，遇到很多我没想过会遇见的人，思考了很多我没想过的事，听到了很多我没听过的故事，我深深体会到，心想事成的人没有预估未来的能力，但他们都有傻傻的冲动、有绝对的勇气和毅力……

---

① 　人际沟通/Interpersonal Communication，文化沟通/Intercultural Communication，社会服务/Service Learning，公共演说/Presentational Speaking。

12

飞过太平洋，
我越来越了解自己

我发现走得越远，
我对自己的原生地和文化就看得越清晰，
距离似乎提供了厘清事物的能力，
我变得比较能客观地看待事物，
在与不同国家的友人相处过程中，
我也慢慢地越来越了解自己。

——在美洲

为了参加在北京的英语演讲比赛的决赛，我错过了在美国丹佛大半时间的新生训练。到丹佛时，已经是新生训练的倒数第二天，我的心情雀跃中带有许多的忐忑，担心错过的课程会跟不上大伙，同时也担心错过与同行的老师和同学最初面对面相处的机会。

到了丹佛的机场，一位年轻的美国西班牙裔女孩Laura来接我，她是"Up with People"组织的协调员。她热情地给我一个大大的美式拥抱，欢迎我来到丹佛，并和我说"Welcome to America! Welcome to Denver!"当时，我的心里想着："我真的到美国了！"

美国中西部大自然的开阔、
粗犷豪迈、不加修饰，
真是我来到新大陆最好的见面礼

从机场出来，Laura开车载我回到她的公寓休息。车子往市区的方向开时，Laura让我回头看看，我一回头，丹佛国际机场独特的建筑为高大雪白色帐棚群，与远山上的白雪交相辉映，有一种浑然天成的美。Laura对我说，这一峰一峰的白色帐蓬代表科罗拉多州最大的山脉——落基山脉。我没想过，人造的机场可以如此融入大自然的天然景观，一点都不突兀；没有任何华丽的装饰，只是雪白，只是透亮，静静地守候一旁，让千千万万的旅行者来欣赏落基山脉壮丽的天赐景观。

沿路，道路两旁是连绵不绝的红色土地，Laura告诉我，科罗拉多州是以西班牙语"Colorado"命名，就是"带红色"的意思，我想当时初到美国的西班牙殖民者，一定也注意到这片土地的天然景观了。

科罗拉多不是美国最出名的州，丹佛也不是美国最出名的城市，可美国中西部大自然的开阔、粗犷豪迈、不加修饰，真是我来到新大陆最好的见面礼，让我感觉到有一股清新的安定力量，注入我忐忑不安的心。

美国中西部的气候

　　休息了一个晚上，Laura带我到集合的地方。一下车，第一个看到的就是贴心的接待家庭写的标语："Drink water! Wear sun block!"意思是提醒我们这些不习惯美国中西部夏天极度炎热气候的孩子们，要多喝水，外出一定要防晒。美国中西部夏天虽然很热，但干燥的天气下，人不一定会流汗，不注意补充水分，很容易中暑或脱水。这个贴心的举动，温暖了我，也让我忘记了身处陌生城市的不安。

　　接下来，每一个接待家庭把接待的学生都带到集合地点，我开始和每一个人打招呼，并始把雅虎上熟悉的名字和一张一张面孔对上，大家都很亲切、很友善，几乎每一个人都和我说"真高兴终于和你见面了"。这让我感到很开心，同时我心中的担心因为错过大部分新生训练而产生的疏离感，也渐渐在和善的笑容中消失。

　　这一天是一个星期一，是"旅行日"，我们要离开丹佛到新墨西哥州的阿布奎基，而我们的交通工具是一辆旅游巴士。看着我的同学与老师们依依不舍地和他们的接待家庭道别，我开始明白，旅行日少了出去玩的雀跃，却充满了与接待照顾我们的国际友人道别的感伤。

　　和Laura说谢谢之后，我上车等着其他的同学和老师们，看着他们依依不舍地和接待家庭们道别，心中油然升起一股强烈的好奇感与期待感，心里想着，"不知道我在下一个城市的接待家庭，我的第一个接待家庭是怎么样的？"

　　我从台北飞到北京，从北京飞到洛杉矶，再从洛杉矶飞到丹佛，然后又从丹佛搭车前往阿布奎基，短短几天内，平稳规律的学生生活似乎成为过去，我身处在处处是惊喜的旅行生活中。一想到这里，我的心情很激动，兴奋与雀跃在我心中翻滚，有一种充满热血的感觉！

我的第一个接待家庭

到达阿布奎基已是下午，在当地的教育中心集合后，拿到这一周的行程表及相关资料。Brandy和Tici是我的室友，黄昏时，我们的接待家庭的主人Roxana和Stanley来接我们，他们亲切地和我们打招呼并对我们说："这一周，你们就是我们的女儿！"这样的一句话出乎我的意料，让我觉得很惊喜也很温暖。

我的第一个接待家庭是一对美国中年夫妻，他们各自拥有自己的公司，先生Stanley经营一家建筑公司，太太Roxana曾担任当地银行的副总裁，现在她拥有一家做各种特殊招牌的公司，两人在各自的事业领域都很活跃、很成功。两人都是第三次婚姻，孩子们都已长大成人，在美国其他城市求学和工作。

他们的家很大，Brandy住一楼的客房，Tici和我住二楼的书房。Roxana和Stanley很好客，冰箱里随时备有饮料、水果和点心，想吃就自己拿；家里有一个不大的游泳池，每天活动结束后，我们如果想要下水消消暑，可以自便，他们的好客及不拘礼数，让我放松不少。

Roxana一边和我们聊天，一边做晚餐。晚餐是很美式的汉堡和色拉，我们一边吃着自制的汉堡，一边自我介绍。经过更多的相处之后，我感受到Roxana和Stanley的真切与热情，不知不觉就融入了这个新"家"。我们"家"还有一只猫和两只狗，临时的三个女儿让家更热闹了。

Roxana和Stanley两人都热爱旅行，墙壁上挂满了他们到世界各地旅行的照片，他们说："旅行让我们了解这个世界。当我们无法旅行时，我们欢迎世界来到我们家中，就像我们接待你们一样。"听完这句话，我们都相视而笑。这是多么大方友善的胸襟啊！如果大家都愿意这么想、这么做，这个世界应该会更加和谐。

区学习

圣塔菲一日游

其中一周的地区学习（Regional Learning）是参观新墨西哥州首府圣塔菲（Santa Fe）。

一到圣塔菲，就强烈地感受到这是一座别具风情和特色的城市。它的视觉色彩是浓郁的、缤纷的、大胆的，有鲜红，有亮橘，有大黄，有翠绿；它的建筑特色不是美式的，而是透露着欧洲殖民者的痕迹；而它的居民是多元的，我们听到美语、西班牙语和印第安语。新墨西哥州之所以有"迷人之地"（Land of Enchantment）之称，也就不难想象了。

我们一行人分成几组，分别走往不同的方向，最后在西班牙殖民者所建立的总督府会合。圣塔菲是西班牙人于1607年建立的，有一个宗教味十足的名字，西班牙原文意思是"神圣的信仰"。离总督府不远处就是圣方济大教堂。

美国西南部的这一个州曾经是墨西哥的一个省，它原为印第安人的纳瓦

侯族、阿帕契族、普布罗落族和荷比族等族的居住地，自从1846年美墨战争后成为美国国土。现在，在新墨西哥州还有22处印第安人的村落或保留区。这个州有很多西班牙裔的居民以及很多美国原住民。在这个城市，让我感觉到美国的历史并不是我们所想的那么简单、那么肤浅，印第安人在新墨西哥州原有的历史与文化，跟欧洲殖民者带来的历史与文化，还有两者之间的冲突与矛盾，经过几百年来慢慢的融合，造就了新墨西哥州和圣塔菲的特有的文化和独特之处。

漫步在圣塔菲的古城中，宛如置身于17世纪。街道是狭窄且蜿蜒的，不像是在现代的大城市中，宽敞笔直的大道是为了车辆行驶而建的，这里曲折的小径是为过去的马车和行人而设。西班牙村庄的泥草墙和木头建筑所组成的结构，完好地保存了当地的建筑特色，新墨西哥州制定法律保护这些独特的建筑，这些建筑的顶都是平的，整体是方块式的，转弯处都是浑圆的，缺少了棱棱角角，很可爱，给人一种憨厚淳朴的感觉。在这里，我见不到大城市中的高楼大厦，我看到的是当地对于古迹维护的用心。

总督府（The Palace of the Governors）建于1610年，坐落于圣塔菲古城广场。这座建筑见证了新墨西哥丰富多彩的历史，是美国最古老的公共建筑，现在是新墨西哥州的历史博物馆。在总督府的长廊下，有很多美国原住民的小摊子，印第安人精致的手工艺品，每一件都像是艺术品，首饰、陶器、编织、泥塑都闪耀着印第安文化的创造力与生命力，并且展现大自然脉动的野性美。我向做手工银饰的印第安中年妇女买了一对耳环做纪念，椭圆形的耳环，左右图案不同，左边是一群人在跳祈雨舞，右边则是雨水和河流。这位妇女说，雨水对于这片干燥的土地非常重要，天、地、太阳和雨水是生命的四大元素，传统的宗教仪式也和祈雨有很大的关联。每当我戴这对耳环，都会想起这片干燥的土地，亘古以来挑战着印第安人求生的毅力，还有那个印第安妇女脸上的灿烂且骄傲的笑容。

从古城到城外，有着数不清的画廊和美术馆，后来我才知道，圣塔菲是仅次于纽约和洛杉矶的美国第三大艺术中心。在印第安、西班牙、墨西哥和现代美国文化的多重激荡之下，的确丰富多彩、耐人寻味。圣塔菲有一种充满热情的感觉，有说不尽的故事与传奇，名副其实是一座令人魅惑、让人迷恋的美国中西部城市。在这美国中西部文化重镇的一日游，让我更深入地了解了这块土地。

米的两个室友
Brandy和Tici

在阿布奎基，我和Brandy、Tici住在同一个接待家庭，大家相处得很愉快。我们每天一起参加团体活动，活动结束之后一起回接待家庭，很快便建立起相互之间的了解和友谊。对于这难得的和外国同龄人交朋友的机会，我很珍惜，也很感激。

Brandy是个活泼开朗、笑容可掬的非洲裔美国女孩，当时，她已是一位专业的助产士。她申请上美国史丹佛大学医学院，家里却无法支付医学院高额的学费，但她很上进，一边工作一边就读另一所学费较低的医学院，我想现在的她应该快成为妇产科医生了。Tici是来自巴西的美丽女孩，灵动的双眼和古铜色的健美肤色，令人惊艳不已。她拥有法学及外交两个学位，在参加2005年世界之旅前，已经拥有巴西的律师资格，现在她在巴西的外交部任职，在负责巴西与欧洲各国的国际事务的工作组里工作。

在她们身上，我看见现代女性不依靠他人、独立自主的精神，我们对环球旅程的期待或许不尽相同，但追求的目标却相近，利用这段时间提升自己的能力、增广见闻，在不同的文化中历练。和她们相遇相知，我觉得很幸运！

与非洲的十年情缘

一个家庭

来到凤凰城，我才真正感受到什么叫作热！一下车，迎面而来的热浪席卷全身，阳光直接照射到肌肤上，不夸张，真的有种着火的感觉。

在小区中心集合后，接待家庭陆陆续续来接我们，这次我的接待家庭是一对头发花白的Thompson夫妇。从孟加拉国来的Tiara是我在凤凰城的室友，夫妇俩热情地和我们打招呼后，身体硬朗的Thompson先生迅速地帮我们把行李提上车，虽然他上了年纪，力气却不输年轻人。我和Tiara两人沉甸甸的大行李箱，加起来也有三十千克重，一下子就被安放在六人座休旅车后边。

以美国的标准来说，Thompson家很简朴，两个房间，客厅、餐厅和厨房连在一起，还有一个不大的后院，特别的是，Thompson家有着浓浓的非洲味，从家具、摆设到墙上的壁画、到处可见的照片都和非洲有着密切的关系。原来他们夫妇曾在非洲生活了十年之久，屋内的每个角落都代表了他们人生当中的一段回忆，对于非洲的回忆。在非洲期间，他们都在红十字会服务，主要的工作是救助难民，足迹遍及肯尼亚、科特迪瓦、刚果和乌干达。

Thompson太太做过护士和厨娘，而Thompson先生一直负责物资补给方面的工作。他们的两个儿子都是在非洲出生的，他们对我说："我们的心留在非洲大陆那片美丽的土地上。"简单的一句话，道出了夫妇二人对那片土地的热爱与情感。

相处一个星期中，我发现Thompson家里很少吃肉类食品。原先我以为是因为他们上了年纪，所以口味变得清淡，后来我才知道，因为在非洲生活的时候肉类食品不足，他们已经养成少吃肉或是用花生代替的习惯。在非洲生活的经验使他们格外珍惜各种资源，比如食物、水和电，这些对于一般美国人并不缺乏的资源，他们显得非常节省。

Thompson夫妇因为同在红十字会工作而相识，第二次世界大战结束后，被派到世界各地进行战后重建工作，所以有很长的时间，他们都是分隔两地，只能靠通信保持联系和维持感情。对于生活在网络充斥时代的我，真的很难想象他们为了维系感情而经历的一切。我想，不管物换星移，不管多么困难，只要有一线希望还是要回到心里所挂念的人的身边，这种承诺和执著应该就是所谓的真爱吧。

Thompson夫妇不仅在第二次世界大战之后在世界各国为战后重建工作作出贡献，在非洲做了十年的人道救援工作，2005年8月卡特里娜飓风之后，2006年他们到新奥尔良做了一年多的灾后重建工作。从年轻到老，他们总是不忘帮助别人。"人活着不能总是只想着自己，在别人需要的时候伸出援手，不是一种施舍，而是人类共有的责任。"他们宽大博爱的胸襟，让我非常感动，也让我觉得我一定要多做一些能帮助他人的事。

每天晚餐后，Thompson太太必须服用控制糖尿病的药物，而Thompson先生则有轻微的高血压。两人都做过心脏手术，虽然身体称不上是最健康的，肉体上的病痛与磨难并没有让他们失去对生命的信心和热情，反而以一种更乐观、感恩的态度面对生活，感染身边的人，让别人快乐。

Thompson夫妇结婚超过五十年，半世纪的牵手，在他们的身上，我看见了他们对彼此，对非洲，对需要帮助的人，对生命的爱、付出与承诺。他们让我感动，让我更加感恩我所拥有的一切，也让我深深地觉得，在人的一生当中，花一些时间去帮助别人，不但是值得的，而且是必要的。

我来到美国凤凰城，却意外地走入一个和非洲有着十年情缘的家庭，这种感觉好奇妙。和Thompson夫妇相处的一周里，我彷佛在听他们传奇的故事的过程中，从美国到了非洲一趟。在这段旅程中，有很多我没预料到的惊喜，这就是其中之一！透过他们的人生故事来学习帮助他人的重要性与必要性。

我的室友 Tiara

来自孟加拉国的Tiara是个很有才气的女孩，从十几岁就开始写作，无数的文章在网络和报纸杂志上刊登；她拥有自己的网站，对建设网站很有一套，还曾经在国际知名的大公司担任网络管理员（Web Master）工作。她的父母不赞同她写作和经营网站，他们希望她选择读商学院或是医学院，但是她一直认真执著于自己的爱好。从她的身上我看到，把自己热爱的嗜好变成一种职业，不但是一种享受，而且不用拘泥于世俗的条条框框中，很自由！

在旅程中，她一向都是热心助人。因为她的热心与才华洋溢，她获选为2005年全球青年领袖计划的代表。

从旅程结束至今，她还是热心地为我们所有的同学服务，所有的同学会也是她主办的。现在的她在澳大利亚的第三大城市布里斯本学习创意与写作。可以预见，在不久的将来，她一定会是一个出色的作家。

走进美国大峡谷

——社区学习

在亚利桑那州的这一周，每天的温度大约都在40℃以上，我们造访世界自然遗产——美国大峡谷。那一天也是干热难耐。在看到大峡谷之前，我们要爬很长一段山路才能到观景视野很好的地方。花了很多时间很多体力，我们终于看到世界闻名的大峡谷，大自然的鬼斧神工，令我们一行人赞叹不已。

当大峡谷出现在我眼前的时候，心里感受的震撼无法用文字形容。一眼望去，变化万千，神秘莫测。红色、蓝色、绿色、棕色、灰色……大峡谷的颜色变化多端，让我觉得这里的自然景观是活的，带有灵动的生命。

这里有原始的旷野，有经过千万年刻划的谷地，还有印第安人古老的传说。走进这大峡谷，我感觉我被这里野性的强大生命力所拥抱。

再往远处看，朵朵白云在谷地上空飘荡，阳光穿透云朵洒在古老的岩石上。从来没想过，面对光秃秃的石头，我也能如此深深地着迷，巨大的感动在心中敲打着，贪心的我连眼睛都不想眨一下，想把这浩瀚的美景尽收眼底。

三十多米的断崖绝壁延伸到谷地中央，从人行道的方向看过去，就像是

平空悬挂的天梯，同学们一个接着一个地走到天梯的最远处，他们兴奋的声音似乎唤醒了压抑在我心中的恐惧。我很想走过去，体验他们所体验的，但是恐惧让我裹足不前。

心里想，"我什么时候还会再来大峡谷呢？"我一边想，一边鼓起勇气走向天梯的最尽头，我可以感觉到恐惧嚣张地布满我的全身，而感官的敏感度放大一百倍，我听见自己的呼吸、心跳和峡谷里的风，汗水从额头上滴落。时间似乎在这一刻定格，在此时，没有过去，没有未来，只有当下。那是我第一次体会到，真实的身体感受能影响我们对抽象概念的认知与定义，放大一百倍的恐惧，让我的身体颤栗，但让我的心灵以慢速体会感官所感受到的一切。那时的我，似乎触摸得到时间，这种感觉让我永生难忘。美国大峡谷是科罗拉多河历经万年精心刻画下的杰作，它的壮丽和壮观，感动和激励着我，人是这么渺小，无法改变过去或预知未来，唯有把握当下才是永恒。

难忘的营火

　　辛勤的志愿者服务之后，我们在圣地亚哥的海滩上生起营火放松一下。温暖的海风迎面而来，夕阳照出天边许多美丽的色彩，几杯啤酒下肚，大家开始唱着各自家乡的歌曲，汉语、西班牙语、葡萄牙语、德语、日语、英语……各地的情调蔓延在我们之间，我献唱了"月亮代表我的心"、"阿里山的姑娘"和"甜蜜蜜"，也许是大家不懂中文加上酒精的催化，这些歌曲对他们来说充满异国情调，伙伴们听得很入迷，我也唱得开心尽兴。

　　彻夜的谈笑与歌舞中，围绕着营火勾起不同的情绪，有欢乐、有兴奋、有爱恋、有思乡，熊熊的火焰在圣地亚哥美丽的夜空下，衬托出我们年轻浪漫的心，海浪一波一波，似乎在启示着我们的梦想因这次的旅程会更加的生生不息。

　　不知不觉中已经入夜，我抬头仰望着夜空，点点繁星闪烁着，我突然很想家，但旅程还在进行。思念，只能放在心中。

美国和墨西哥的国界

区学习——

在圣地亚哥的地区学习时，我们到美国和墨西哥的国界，近距离了解美国的非法移民问题。边界巡逻中心巡逻警察友善地向我们说明他们的工作内容，随后我们坐着巡逻边境的巡逻车来到美墨边界。眼前的景象让人心情低落，边境围墙从陆地延伸到海里，一道围墙的两边，境遇如此地不同。对于设法跨越的一方，这里发生过多少悲剧，承载了多少破碎的梦想；对于管理的一方，这里体现着多少问题，代表多少危险。那时我心里难过的感受大过于一切，同样都是人，一墙之隔，境遇却如此不同。

美墨漫长的国界可以说是世界上最难管理的国界之一，2006年更加严格的移民法案通过之后，美墨边界可以说是"死亡之路"（Death Road），在巡逻警察和当地居民的共同看管下，非法移民只能选择难以穿越的沙漠或湍急的河流偷渡，每年都有许多人死于途中。历史问题，种族冲突，文化差异在长长的国界上更加凸显。

美国是一个移民国家，美国的国民来自世界各地，不管时间先后，费尽千辛万苦地来到美国，都是为了到一块新的土地重新生活，寻找曾经失去的梦想、追寻梦想或是完成未完成的梦想。但是，先来到的移民者成为统治者和合法公民，后来到的移民者成为非法分子和非法移民，切入的时间点不同，一切都不同，同时也透露着极大的不公平。

现在美国大约有一千两百万非法移民，其中一半来自墨西哥。这些非法移民绝大多数从事劳动工作及许多当地美国人不愿意从事的工作，他们对美国的经济作出了相当的贡献。墨西哥非法移民每年汇回的外汇是墨西哥很重要的经济来源，这些非法移民如果被大批遣返，对失业率本来就很高的墨西哥和中美洲国家来说，社会将会更加地动荡不安。对作为邻居的美国来说，采取强硬的严格的非法移民管理手段，或许是祸不是福。再者，如果大规模遣返非法移民，对美国和中南美洲各国的国际关系也会造成不良的影响，种种复杂的因素，让双方都进退两难。美国政府积极改革移民法，希望在保障美国的国家安全与安定的同时，实施较人道、公正和全面的新移民法案，让非法移民的身份通过适当的渠道合法化。我暗暗祈祷，但愿中南美洲各国的经济能够好转，选择非法偷渡的人减少，而那些非法移民能早日获得新的身份，堂堂正正地生活。

待家庭日
——海洋世界

　　在圣地亚哥的那个周末，接待家庭招待我们到圣地亚哥著名的海洋世界（Sea World）游玩，一大群人浩浩荡荡地来到这著名的海洋生态教育娱乐中心。

　　在这海洋世界的一日游中，我看见了从没见过的海豹、鲸鱼、海豚，以及各种不同的鲨鱼。亲手摸了两只海豚，还喂它们吃鱼。我喂完它们，它们好像和我说谢谢一样，一直点头，真的好可爱喔！在南极生物馆，我第一次见到北极熊！它们真的超级大，但是却都是游泳高手，看它们在水中嬉戏，矫健的身手令人兴奋不已。这种久违了的感觉，彷佛回到小时候第一次去动物园的情景。

体验圣地亚哥吃喝玩乐

自由日——

圣地亚哥是美国南加州著名的旅游城市和度假胜地。在圣地亚哥这周的自由日，我和几个接待家庭住在附近的伙伴相约一起体验圣地亚哥的魅力。对这一天的自助旅行，大家都兴奋不已。接待家庭中和我们年龄相仿的小主人自告奋勇地开车带我们游览他熟悉的这个城市。我们非常感谢他，如果没有他的相助，我们没法在一天之内就走遍这么多地方，玩得那么尽兴。

一早，我们到圣地亚哥发迹的老城历史公园（Old Town San Diego State Historic Park）参观，公园里有很多历史建筑和博物馆供人参观。温和的气候、美丽的阳光和清新的空气下，细细品味圣地亚哥的过去，每个人都有无比的好心情。

在老城历史公园，我们得知从16世纪开始，西班牙人来到今日的圣地亚哥建立据点，这个城市的名字圣地亚哥就是以一位西班牙天主教圣徒之名而命名。圣地亚哥刚刚开始发展的时候，许多西班人漂洋过海来到此地经商。1821年，墨西哥独立战争之后，圣地亚哥脱离西班牙成为墨西哥的国土，大量的墨西哥人也来到圣地亚哥寻找新天地。1848年美墨战争之后，圣地亚哥划入美国，在1850年正式设郡。圣地亚哥是今天的加州最早发展的地区，过去加州的第一批居民就曾住在现在的老城历史公园。

因为曲折的历史背景，造成今日圣地亚哥的西班牙、墨西哥和美国现代文化三种文化交集融合的情况，走在圣地亚哥的街头，到处可以见到西班牙风格的建筑，随处都可以品尝到墨西哥美食，还有体验美国的主流流行文化。我们在车上欣赏美丽的圣地亚哥，经不住一大片白沙海滩的诱惑，停车驻足。虽然接近黄昏，各种水上活动还是很热闹：游泳、帆船、冲浪和水上摩托车……这里和美国中西部的内陆城市明显不同，比基尼、短裤、海滩帽和夹脚拖鞋几乎可以在每一个人身上找到，一派随时准备下水享受圣地亚哥的海水和沙滩的景象，整个城市透着一种轻松的感觉。

晚上我们来到瓦斯灯街区，这里是圣地亚哥著名的餐饮、娱乐和购物中心。很多音乐季和狂欢节也都在这一区举办，这里还有很多可以欣赏爵士乐的地方，为休闲活动很多的圣地亚哥的夜晚增添了许多迷人的色彩。我们来到一家墨西哥餐厅，在外脆里嫩的墨西哥薄饼、多汁味美的墨西哥鱼排卷，还有冰凉消暑的啤酒之间享受，我们为圣地亚哥一日游画下一个完美的句号。

美国对于当时的我来说，是我离家最远的一次。在美国的这六周里，我第一次短暂地生活在一个完完全全和我的文化不同的地方，和不同国家的同学们在接待家庭相处。我发现，走得越远，我对自己的原生地和文化就看得越清晰，似乎距离提供了一种厘清事物的能力，我变得比较能客观地看待事物。在与不同国家的友人相处时，我也慢慢地越来越了解自己。以前曾听到这样一句话：走得越远，越懂得自己。那时我无法体会这是什么意思，在美国的旅程中，我第一次亲身感悟到这句话的含义。

环球行程之北美洲：

丹佛，科罗拉多州，美国

阿布奎基／圣塔菲，新墨西哥州，美国

凤凰城，亚利桑那州，美国

圣地亚哥，加州，美国

洛杉矶，加州，美国

13

回到亚洲，
换个方向思考，
人生将会不一样

把所没有的或是缺乏的，经过学习、努力和付出，
慢慢转化成自己所拥有的，我们的生活和人生，
将会多么的不一样。

——在亚洲

雅致的日本文化

从美国到日本，从美洲奔放的文化过度到东方精致内敛的文化。一下飞机，一切都不一样，不仅建筑不同，连人们的肢体表现也不同。第一个感觉就是什么都小一号，比起什么都是big size的美国，日本的机场、车辆、路标、马路、行人……都比较秀气。

亚洲的行程安排，本来还有泰国和柬埔寨，但是当时这两地的旅行安全问题没有通过"Up with People"组织的评估，所以在亚洲的行程最终只停留在日本。虽然我觉得很可惜，但大家的安全是最重要的。

大多数同学第一次接触到这个亚洲岛国的文化，什么都感到新奇与陌生，一下飞机他们此起彼落的闪光灯按个不停。而日本同学脸上则流露出那种回到家的放松。

相较于欧美同学的活泼和勇于表达，日本同学大多比较内向害羞，小组讨论、发言时较少听到他们的意见和声音，其实他们都具备很好的英文能力，私底下相处时，话很多也很容易亲近。在美国，他们较少用日语交谈，一回到日本，母语的本能立即启动。之后几周，他们更是我们在日本的向导和信息中心。

在美国，我们度过了夏天，到达日本的时候已入秋，但是日本的天气还是很热，还能抓住夏天的尾巴，暂时不用担心凉意或是寒冷侵袭。

下飞机后，我们先乘火车再转巴士，辗转来到日本的第一站——丰田市。丰田市位于爱知县的中部偏北，而爱知县位于日本中部，首府是名古屋。

我们先在丰田总合体育馆集合，等着接待家庭来接我们。在日本的接待家庭很多，几乎每个人都独自分配到一个家庭。不知道是不是因为在丰田市，接待家庭的车几乎清一色都是丰田汽车。初次见面，接待家庭的成员频频地向我们微笑点头并鞠躬。从美式的握手到几乎九十度鞠躬的见面礼节，虽然有点不太习惯，不过大家都很兴奋，迫不及待地要体验日本的生活了。

我的接待家庭是川木先生和他太太，川木先生是一名消防员，而川木太太是老师，在自己家里开了一间才艺教室。川木太太的名字叫良子，她说可以叫她良子或是"欧卡桑"（在日语里是妈妈的意思）。川木家三代同堂，两间传统的日本房屋之间有一个小花园连接，良子把这个地方改成教室，她

在这里教小朋友英文和书法。

我在川木先生和太太家住的第一天晚上，良子和川木奶奶亲手做了家常寿司、生鱼片、味增汤、炸天妇罗、日式炸猪排欢迎我。满满一大桌可口的家常日本料理，让我好感动，他们还用中文对我说"欢迎"。对于他们的细致和用心，我有一种说不出的感激。他们一家六口加上我总共七个人，一边享受美食，一边相互认识，在日语、英语和比手画脚中，我慢慢地融入这个家庭。

晚饭之后，我帮良子和川木奶奶洗碗收拾。良子告诉我，她每两年就会接待一两个国际学生，她每年还资助两个非洲的贫困孩子食物和学费。那两个非洲孩子上学之后，开始写信给她报告他们的近况。每次她接到非洲来的信都非常高兴，那种帮助其他人改变生活的感觉，让她更加珍惜自己在日本的生活。

我永远都忘不了良子谈到非洲那两个孩子时的神情，充满了满足与喜悦，"施比受更有福"这句话恰好反映出良子的善行和我当时从良子那儿得到的感受。

地区学习——2005年日本爱知世界博览会

很幸运，来到日本爱知正逢2005年爱知世界博览会，理所当然的，我们这周的地区学习就是参观世界博览会。

世界博览会展览场地非常大，好多人排队等着参观，我们一行人等了好长时间才进入会场，我们人手一本简介和会场地图，大家都兴奋地看着上面印有两只毛茸茸的绿色吉祥物的小册子。

2005年的世界博览会围绕"自然的睿智"这个主题，并取名为"爱地球博览会"，从计划、施工到开放参观，处处展现对地球和大自然的关爱。在185天的展览期中，总共有121个国家和四个国际组织参加。每一个国家和组织都以它们独到的方式来诠释博览会的主题。

由于每个人想看的东西不一样，所以志同道合的人组成几个小组，各自往不同的方向出发，只有六个小时，大伙儿得加快脚步！

　　我特别前往南美洲、非洲和澳大利亚的展馆，这些地区都是这次环球之旅没有到的地方，心想如果把这些地方参观一遍，加上这次的旅程，某种程度上我也算环游了五大洲。我一边想，一边加快脚步。

　　南美洲、非洲和澳大利亚馆着重于自然生态的介绍与保育。在非洲馆的门口还有非洲的传统歌舞表演，我们一下子就被迷住了，无伴奏的合唱自然奔放，浑厚与高亢的嗓音给人一种天人合一的和谐感。他们赤着双脚以热情如火的舞姿展现人体之美与大自然的辽阔，每一个动作都给人留下深刻的印象，色彩鲜艳的传统服饰更是在我的脑海中留下不可磨灭的印象。

　　澳大利亚原住民的艺术灵感来自于澳大利亚的山脉、河流、沙漠、岩石和一切的大自然脉动，特别是他们的音乐，澳大利亚原住民用流传几千年的迪吉里杜管（didgeridoo）模仿出各种大自然的声音，如潺潺的流水声、雷声、鸟儿拍打翅膀的声音、风声，以及风吹树叶时发出的沙沙声。迪吉里杜管吹奏出的音乐，让人有一种莫名的平静，闭上眼，仿佛置身于澳大利亚辽阔的土地上。迪吉里杜管除了用于庆典活动之外，原住民还用它吹奏出的音乐治疗疾病。没想到，音乐疗法在几千年前的澳大利亚就存在了，让我不禁赞叹澳大利亚原住民倾听大自然的智慧。

　　一天的游览结束，大家都还未尽兴，继续流连动线流畅、风格独特的展览建筑，我的心依然游荡在各国的独特文化中。希望有一天在中国台湾也能有机会举办类似的国际展览，让多元的世界走进台湾，也让台湾看见多元的世界。

一次在日本澡堂

在室生村，是我第一次近距离接触日本的泡汤文化。接待家庭的妈妈雅子带我去离住家不远的一个露天温泉，这是一个小区温泉（澡堂），就是有一点家庭式的，附近的邻居都会去的那种。这是我第一次和三十几个全裸的女孩、女人共处一室。

雅子说，泡汤是日本文化很重要的一部分，也是他们生活中不可缺少的一部分，他们很珍惜这个小区的小温泉。来这边的很多都是熟人，大家都很注重洗浴的礼节，先把身体清洗干净再进入温泉泡汤，保持温泉水的洁净，是责任也是对他人的尊重，泡汤对他们而言是一种珍贵的享受，要细细体会，也值得和国际友人分享。

一开始我觉得害羞、不自在，环顾四周所有的人都是一副习以为常、极其放松的神态，轻松地和彼此话家常，我开始把注意力集中在雅子和我的谈话上。雅子是两个孩子的妈，孩子一个17岁，一个19岁，但是她的轮廓、身形和皮肤都像是二十几岁的年轻女孩，让人觉得她是个年轻美眉。雅子微笑着告诉我她平均一周至少要来泡汤三次，泡汤让她能彻底放松，也让她拥有高质量的睡眠，这就是她保持年轻的秘方。

　　在热腾腾的温泉中，身体无比地温暖，脸上和手臂感受到清新的空气。裸着身体在露天温泉里，有一种融入大自然的感受，一边和雅子聊天，一边欣赏山边的景色，身体慢慢地放松，紧凑的行程和舟车劳顿荡然无存，那天晚上我睡得特别香。

换个方向思考，人生将会不一样

日本是一个地小人稠的地方，尤其是像东京、京都、大阪、神户这样的大城市里，我所居住过的接待家庭，不管是公寓还是传统日式房屋，空间都不大，但我看到了日本人巧妙运用空间的智慧。

狭小的公寓中，客厅是餐厅，更是起居室，有些连开窗的空间都没有。其中一个接待家庭的爸爸，在墙上挂上竹帘，靠墙摆放一个小茶几，茶几上放了一个陶制的小水缸，里面零零落落地放了几个鹅卵石。这样简单的摆设，就造成了有一个窗户的错觉，加上水和石头等大自然的元素，还有竹帘在水中的倒影，给人很大的想象空间，虽然整体来看，实际空间没有变大，但是让人觉得开阔起来。

因为没有足够的空间，所以激发了人们运用空间的智慧和创意，前者是缺乏的，但是正因为这种缺乏，所以造就了后者，后者是努力之后而获得的。这让我想到生活和人生何尝又不是如此，如果换个方向思考，把所没有

的或是缺乏的，经过学习、努力和付出，慢慢转化成所拥有的，生活和人生将会多么不一样，从无到有……在日本的旅程中，我一直见证着这个道理，直到现在还在不断地反复回味。

环球行程之亚洲：

丰田市，爱知县，日本

丸子町，上田市，长野县，日本

大阪市，大阪府，日本

室生村，宇陀郡，奈良县，日本

多摩市，东京都，日本

我孙子市，千叶县，日本

14

行走欧洲，旅行让我对生命的变化有所准备

旅行，对我来说一开始是一种奢侈，是一种梦想。
现在，成为我生命中的一部分，
让我对生命的变化有所准备，给我拥抱不确定的勇气。
————在欧洲

欧洲第一站

青年旅馆

从亚洲飞往欧洲，从日本单一文化圈飞往欧洲多元文化圈，大家很兴奋地迎接我们的世界旅程的第三个高潮。在欧洲的第一站是荷兰，从日本到欧洲，经过十个小时的飞行，抵达阿姆斯特丹，因为班机时间太晚，不方便请当地的接待家庭来接我们，所以阿姆斯特丹的第一个晚上我们住在青年旅馆。这是我生平第一次住在青年旅馆，心里有股莫名的兴奋。

在欧洲，年轻人自助旅行的风气很盛，在青年旅馆，有好多世界各地出来旅游的年轻人，每人背着旅行专用的大背包，每个人看起来都很独立。有些人看起来好年轻，似乎只有十八九岁。和他们比起来，我的旅行起步算是很晚的，真的很佩服他们的独立与勇气。

青年旅馆里有很多旅游指南、地图，以及美术馆、博物馆还有各种展览和文化活动的折价券。我拿了安妮之屋的简介及梵谷博物馆的折价券，心里盘算着在自由日那一天一定要到这两个地方去看看。

社区学习——阿姆斯特丹运河巡礼

到阿姆斯特丹的第二天，地区学习安排我们乘船游览闻名的阿姆斯特丹运河，还请来阿姆斯特丹艺术学院的老师为我们沿途讲解荷兰的建筑与艺术。

经过17世纪和19世纪的黄金时代以及战争的磨难，在阿姆斯特丹，一条条古老而繁华的街道，一幢幢风采依旧的历史建筑，这些浪漫的运河蜿蜒地穿梭于其中，见证着这座城市从一个小渔港发展成国际化大都市的过程。

虽然已是初冬，或许是雀跃的心情，或许是和煦的阳光，十一月的阿姆斯特丹犹如初春的台北，温暖宜人。穿梭在蜿蜒交织的运河中，感受着古老的浪漫，惊叹声不绝于耳，金色的阳光从树叶间摇曳而下，与运河上每一座桥的倒影在水中相互重叠，水面泛起阵阵涟漪，折射出运河两旁建筑的艺术光辉，美得让人刹那间屏住呼吸。

　　一个下午的航程，一眼望去尽是波光粼粼，深呼吸，清新与自在贯穿全身。我们穿过许多弧形的拱桥，河岸上的居民和游客都带着微笑向我们挥手，我们也兴奋地挥舞着双手，向异国的朋友表达我们的友好。河水是蓝绿色的，与午后金黄色的阳光相互辉映，从河畔到天边，幻化成各种缤纷的颜色，我想找合适的形容词来描述眼前的景色，思索了半天却没有找到答案。

　　经过老师的讲解，我们才知晓，这条运河大约建成于17世纪，共有160条河渠，总计75公里长，加上600多座桥梁，构成一个完善便利的水道网络，并且是2500艘住房用船的停泊之地。

　　水面闪烁着点点金光，两岸高高低低、五颜六色的建筑以及来来往往的高鼻大眼的行人，都在告诉我这不是我熟悉的国度，虽然绚丽动人，但缺乏一种亲切感。清风徐来，抬头看看阿姆斯特丹的天空，映入眼帘的是一片无边无际的蓝，但是不知为什么，我总觉得这儿的天空没有台北的蓝，虽然晴朗，似乎也透着一丝预备好的忧郁，或许是异乡游子的心总是蒙上一层思念的尘埃吧！

　　荷兰法律明文规定，要尽最大的努力保护古建筑，所有古建筑外观不许做任何变动，只能修缮，而建筑内部则可以依情况来更新。阿姆斯特丹建筑中的山形墙建筑颇具特色。荷兰人利用外墙上加建的山形墙，装饰整体建筑，同时增加一个小阁楼的空间。真的很佩服荷兰人对于古迹的维护，不管是在阿姆斯特丹还是在乌特列支，我们都可以看到古建筑和现代室内设备的完美结合。

仅庆祝感恩节

到德国爱尔福特时，正值美国的感恩节。在美国文化里，这个节日几乎比圣诞节还重要，这是一个属于家庭的节日。据我的美国同学说，感恩节是家人团聚的节日，重要性不亚于圣诞节。由于美国种族繁多，有些不信仰基督教的人并不庆祝圣诞节，但大部分的人都会庆祝感恩节。这是一个很美国、很特殊的节日，所以校方和"Up with people"组织决定为美国同学举办盛大的感恩节晚餐，以慰他们的思乡之情，当然我们来自其他国家的学生都被邀参加。

我对这个决定不是很赞同，试想，近六个月的旅程中，我们过了多少不同的节日，有尼泊尔的新年、中国的中秋节、巴西的嘉年华、印度的传统节日等很多其他国家的重要节日，这些节日对于不同国家的同学都别具意义，但是只有美国的感恩节受到主办单位的特别重视，这道出了国与国、文化与文化之间的不平等之处，即便是在一个学术的、文化的交流计划中，还是可以看见强势文化与弱势文化的差异，令人觉得有点失望。

洲

发言人的挑战

在2005年全球青年领袖计划中，除了上选修课、在全球青年领袖计划先遣队工作、以及在德国爱尔福特的教育处实习之外，我还主动参与新闻组的实习工作。除了负责每天和每周的新闻编辑之外，我与来自俄罗斯的同学Irina共同担任发言人，接受各国媒体的采访，虽然大多是地方性的报纸和电台，但对我们来说，仍是很特殊、很挑战的历练，让我获益良多。

在欧洲的行程更加紧凑，除了在城市之间移动，还要穿越各国的边界。在小区服务方面，涉及的就更广泛了，到戒毒中心帮忙、在妓女帮助中心服务、在修道院和修女们一起照顾孤儿、与比利时安德烈普市长见面、参观比利时布鲁塞尔的欧盟议会、参观荷兰海牙的国际法庭与和平官、观摩比利时安德烈普钻石博物馆、到安妮之屋还有德国纳粹集中营悼念在第二次世界大战中失去生命的犹太人……在每一段行程结束后，Irina和我要整理我们的经历，然后用英文写成简短的文字，以备当地媒体采访时所用。

　　之前，从没有接触过与新闻相关的专业知识，Irina也是门外汉，她学的是旅游管理。经过密集的练习，我们的新闻专业知识和能力迅速累积，每到一个城市，我们就充当发言人，和当地的媒体互动，自信与胆量也慢慢地与日俱增。在旅程中，虽然承受较多压力，但这些难能可贵的经验与磨炼已经成为我生命中的宝贵财富，一辈子取之不尽。

种族歧视

　　在瑞士旅行日的路途不是很顺利，一路上不是遇上大雨和冰雹，就是或大或小的雪。气温一直很低，南美洲的同学们习惯天天艳阳高照，气候的变化让他们无精打采。天气的多变和路途的艰辛似乎在告诉我们，现在是十一月底了，旅程在渐渐收尾，我们即将要面对说再见了。

　　在瑞士伯尔尼那周的小区服务结束之后，我们参观了瑞士的国会。几天的行程排得很满，大家都很疲惫。大约十个同学的接待家庭是在同一区，相约一起到附近的一个小餐厅吃晚饭，顺便聊聊这几天的心得感想。在伯尔尼的郊区，离伯尔尼市中心十五分钟的电车车程，一行人，除了我是从中国台湾来的之外，有美国、瑞典、荷兰、巴西、新加坡、马来西亚、日本，还有肯尼亚来的同学，一行人的肤色都不一样，大家有说有笑地分享我们在瑞士的所见所闻。

　　我们走进一家小餐厅，没想到老板对着来自肯尼亚的黑人同学大声吆喝："嗨！你！出去！"乍听到这样的话，大家都愣住了，我们不是在瑞士的国土上吗？一个长久以来都是以中立国、人道救援和国际组织林立之地自居的地方吗？瑞士不是有四种官方语言，各种肤色的人可以和平共处吗？

　　大家试着和餐厅老板沟通，但徒劳无功。他越来越偏激，我们也越来越生气，几个男生差点和餐厅老板打起来。我们之中，有人报警、有人通知接待家庭，还有人通知领队老师。最后，在僵持不下的紧张气氛中，我们的领队老师和警察一起到了，把我们从那家餐厅接走。

事后，校方和"Up with people"组织正式去函向当地政府抗议，并且找了当地的媒体报道了这个事件。后来，当地政府派人专程来道歉，我们心里得到了些许的安慰。

但是，我不禁在想，那个小餐厅的老板会因为这些而反省自己的行为吗？他说不定因此得到坏名声，影响生意，反而把所有的怨恨归咎到我的黑人同学身上，然后更加痛恨黑人。但是我们无法默不出声地不做处理和抗议，隐忍只会让种族歧视的人更加肆无忌惮，受害的还是我的黑人同学，他有什么错？天生的黑皮肤没有错！真的没想到，我们在瑞士首都伯尔尼会遇到这样的事情。

最后一次舞台表演

在罗马的最后一天，也是最后一次舞台表演，大伙都在后台排演，不知道是否因为这是最后一次，大家比往常更认真，但也多了很多复杂的情绪。

在准备表演的时候，在后台发生的一个小插曲，让我有所感触，也让我思考旅行给人带来的多样经历。Danny在后台找他的打火机，他说不抽烟心情没办法平静下来。我把我没用的火柴给了他，没想到他轻轻地捧起我的脸，在我的脸颊上深深地一吻，感激地看着我，然后说："真的很谢谢你！"我不抽烟，向来觉得烟是不好的东西，害人害己，但现在，我似乎看见烟的另一面，给人带来一定程度的慰藉与灵感，或许这也是总有人抽烟的原因之一吧。不过，我可不鼓励大家抽烟哦。

Danny是一个特立独行的丹麦年轻人，二十多岁还没上大学，但他对小区服务很有经验，弹了一手好吉他，自己写歌作曲，热爱旅行，阅读哲学作品。从旅行到今天，我和他从一起参加全球青年领袖计划的伙伴变成老朋友，回忆起那一吻，那一句谢谢，那一个偶然的举动，那一刻，我不知道是惊讶、害羞，还是动情。旅行中情感碰撞真的是无法预料，难怪很多人说，旅行时容易陷入恋情，这也是这趟旅程中我没有预料到的经历。

在这段旅途中，我不仅在学业上学习了很多，在实习和观摩中也见识了不少，在与来自各地同伴的相处中，除了了解相互的文化外，种种意想不到的感受也是我很大的收获，丰富了我心灵上、情感上的色彩。最后一次表演前，再一次走进大街小巷宣传，身旁伙伴的话语宛如电影哑剧，我完全听不见，脑海中不断浮现一百多天来一幕幕的片断，像梦般没什么真实感。我真的走过这么多地方吗？我不断问自己，心中隐隐骚动着。

巴黎，没有浪漫

2005年世界之旅中，我对巴黎的回忆，悲伤大于浪漫，因为那是我和其他伙伴说再见的地方。

巴黎是旅程的最后一站，大家要在这里分手，各奔东西。在机场时，大家都哭红了双眼。近半年的旅程，我们一起经历了很多大大小小的事，建立起了深厚的友谊，而我们都知道，这一次分手，所有人再聚首似乎是不可能的事了。

和每一个人话别拥抱，我把每一个伙伴都放在心里，Eston一语不发，不像其他的伙伴承诺着"我们一定会再见面的！""我一定会去你的国家找你的！"……他只是紧紧抱着我，把所有的思念和要说的话放到双臂上。大家泪流不止，似乎知道再见是一件很困难的事。一直以为说再见不会太难，但我无法控制难过的情绪，我还没准备好说再见，旅途中建立起来的友谊，一起经历的感动，离情依依……全都搅在一起，分不清了。

思念如浪潮，一波接着一波，我的心，无法平静。坐在巴黎国际机场，表情呆滞，脑海中不断地浮现这过去134天的种种。

旅行，让我们对生命的变化有所准备，

春天，准备出发，

夏天，在北美洲新大陆美国各城市度过，

秋天，徜徉在亚洲的工商业大国日本，

冬天，脚印遍布欧洲各国的新旧城市之间。

2005年的国际旅行像是一场梦，也是另一个开始，人生的新开始，走向世界舞台的开始。旅程结束后，我确信自己比以前更从容、更自信，更能面对生命中的变化与未知数。

在完成法学院的课业之后，我获得全额奖学金到瑞士学习经济和工商管理，毕业之后，因缘际会，进入一家跨国企业工作，转往传媒的路上。一夕之间，我似乎又再一次承担了人生方向重新来过的风险，但这一次，我不再迷惘、不安。我常常在想，如果没有2005年的国际旅行，没有拎着行李箱在机场入关出关的日子，面对生命中突如其来的变化，我不会应对得这么从容。

我从来没想过，我的生活会是这样充满惊喜。我过去希望的是不要是被安排好的、不要被约束就好，但是这带着冒险的一步一步，带我走到了一个接着一个的高点。变化，已经成为我时时相伴的好友，我不再害怕或彷徨。

旅行，对我来说一开始是一种奢侈，是一种梦想；现在，旅行成为我生命中的一部分，让我对生命的变化有所准备，带给我拥抱不确定的勇气。

环球行程之欧洲：

阿姆斯特丹/乌特列支/海牙，荷兰

安德烈普/布鲁塞尔，比利时

科隆/爱尔福特，德国

伯尔尼/卢加诺，瑞士

莫德/罗马/佛罗伦萨，意大利

巴黎，法国

第四部

实践梦想，得到更多

15

国际志愿者经验带来的生命力

在世界各地为素未谋面的人付出，
体会人类的大爱可以超越国界，
国际志志愿者经验所带来的生命力，
让我知道，这个星球不寂寞。

在2005年的环球旅程中，我在全球几十个城市做各种国际志愿者服务和小区服务，同时选修了一堂"服务学习"（Service Learning）的课程。服务学习，简单地说就是把"服务"和"学习"紧密地结合起来，把在学校里学到的知识实际运用在社会上。这些宝贵的经验，让我对个人的影响力有了全新的看法，通过为他人付出与服务，为我的人生注入了新的生命力。

记出劳动的当下

在圣塔菲，我们的任务是协助兴建"青少年心理辅导中心"，辅导中心位于阿布奎基市郊，当时大部分的工程已经接近完工，我们帮忙做前院的施工、打扫和整理工作。

辅导中心由当地的中学老师、心理辅导专家及志愿者组成。我们先和其中几位心理辅导专家和志愿者见面，和他们谈谈这个中心成立之后，他们的工作内容，还有为什么他们要成立这样一个中心。

他们的想法是想建立一个专业并且温暖的地方来帮助年轻人。每个人在青少年阶段都会面临自我形象、学业、未来、人际关系、两性关系、情绪管理、毒品等问题，如果有适当的渠道抒发、解决这些问题，他们就不容易误入歧途。

新墨西哥州的天气非常热，在大太阳底下的小区服务，心里有一种很强烈的"我正在付出"的感觉。我们所付出的劳动将能换来一个整洁舒适的环境，为那些面对困难却不知所措的青少年作出一点点的贡献，让迷惘的青少年有地方可以咨询、有地方可以抒发情绪，不会因为不知如何是好而误入歧途，甚至留下伤害自己或是他人的遗憾。在这样的思绪中服务，我心里深深地感到，在四十多摄氏度的高温下挥汗付出是值得的。

爱应该超越国界

在凤凰城的小区的服务繁忙而丰富。我们到两个非营利性组织和一所专门为无家可归的儿童所设的学校做服务工作。

男孩女孩俱乐部（Boys & Girls Club）是一个致力于为美国儿童创造一个安全而有教育意义的课后环境的非营利性组织，在全美各地都有分支机构，他们的宗旨是关注儿童及青少年身心均衡发展，协助儿童及青少年在成长中所产生的问题和困扰。

在男孩女孩俱乐部，我们分成几组扮演小老师，到不同的区域陪伴这些孩子。我们有些到课业辅导区协助小朋友们做功课，有些到运动区和小朋友们一起打篮球、玩积木和做其他的游戏或运动。孩子们和我们玩得很开心，也很高兴有人和他们一起做功课。

这个俱乐部的老师说，越来越多的孩子缺乏家长的关心和照顾。或许是家长的工作时间很长或其他的因素，很多孩子放学回家后就一个人在家，甚至在街头游荡，长久下来，孩子不但学习跟不上，心理上也容易出现问题。

我们都尽自己所能地陪伴、关心这些孩子，我们要离开的时候，他们依依不舍地和我们道别，一直问我们"你们明天会不会来？"我们只能抱以微笑，不敢轻易答应什么。我们真心希望这些孩子的父母们能多关心他们、陪伴他们，毕竟孩子的成长只有一次，错过了，就没有第二次参与的机会了。

隔天，我们一行人前往Pappas School。Pappas School是一所专门为无家可归的孩子设立的学校，这所学校为凤凰城无家可归的孩子们提供小学、中学的教育和心理辅导。

一整个上午，我们一半的人在不同的教室当助教，让孩子们熟悉我们，另外一半的人则在为下午的游园会做准备。为了让这些没有出国机会的小朋友们更多地认识这个世界，我们为他们准备了"世界博览会"为主题的游园会。

我们在学校的过道、长廊和运动场设置亚洲、非洲、欧洲、美洲和大洋洲世界五大洲的摊子，以不同国家的照片、简介布置，同时准备了各地特色美食以及音乐、舞蹈等节目。孩子们都玩得不亦乐乎，好奇地询问我们"你从哪里来的？""这是什么文字？"那一天的校园，我们在孩子们稚嫩的脸上看到了灿烂的笑容，希望我们的活动能为他们坎坷的成长路途带来一丝温暖和快乐。令人遗憾的是，在2008年因为多种因素，Pappas School被迫关闭。

接着，我们到Love Comes First做志工。Love Comes First是一个抗癌基金会，由许多癌症病患家庭和善心人士共同创立。

我们帮忙做了一些义卖的手工艺品，就在我们埋头工作的时候，有一个癌症患者及她的家人进来，他们亲切地和我们打招呼，并感谢我们来帮忙。那个癌症患者是个不到十岁的小女孩，她经历过手术和化疗，看起来有些虚弱，但精神不错，因为长期在医院，现在只要有空，父母就会带她出门晒晒太阳，顺便多和人群接触。希望她能健康快乐的成长，远离病魔。

经过和这些小朋友们的相处，我们这些来自世界各地的大孩子们心里都感受到，人类需要被关心和爱护的渴望是一样的，没有国界之分，而爱也应该超越国界。

我们联系在一起

圣地亚哥的天气明显不那么干燥炎热，温和的海风、湿润的空气，不冷不热的宜人温度和我们刚刚离开的美国中西部真的很不一样。

这周的第一个小区服务是到圣地亚哥的美丽海滩当清洁工，在救生员服务站集合，分别往东西不同的两个方向清洁海滩。手上的垃圾袋上斗大地写着"Don't trash California! "（不要污染加州），希望提醒人们不要随手乱丢垃圾，污染美丽的海滩。

我们从早上一直忙到下午，没想到在电影中美丽的海滩，其实是经过细心维护的，我们真的应该要好好保护大自然赐予我们的环境！傍晚的时候，我们都少了早晨的嬉闹与多话，汗水取代了言语，但是我们心里都装着付出后的满足与成就感。

第二天，我们到Mama's Kitchen做志愿服务。Mama's Kitchen是一个致力于帮助艾滋病患者以及其他重症病患者的非营利性组织，他们把营养均衡的食物分送到病患的家里。Mama's Kitchen每年通过提供食物服务圣地亚哥地区一千五百多位艾滋病患者以及其他重症病患者，不仅给他们带来食物，也带来温暖和希望。

我们一行人和其他的志愿者一起在厨房工作，有些人帮忙烤健康饼干，有些人帮忙包装，有些人帮忙装箱，还有些人忙着写小卡片。Mama's Kitchen的全职工作人员很少，大部分人都是志愿服务者。或许很多人会觉得依靠志愿者的非营利组织一定很容易落入经营不善的境地，但是，从1990年创立至今，总是有源源不绝的志愿者来帮助他们进行每天的工作。

看到这么多人自发来帮忙，让我深深感受到这个世界紧紧地联系在一起，一个人的温暖可以传递到一个陌生人身上，或许更能产生一些正面的积极的影响，"We are all connected"听起来不再那么遥远。

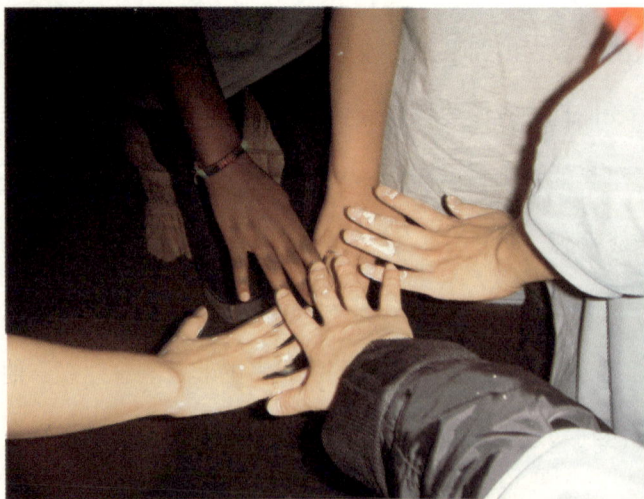

吓类国际志愿者服务

在爱知县的小区服务很特别，不是体力服务，而是脑力贡献，组织者不但安排我们参观丰田汽车的总部与现代化的工厂，而且还安排我们和丰田汽车的管理高层一起共进午餐，进行世界各地青年和世界著名企业丰田汽车之间的对话。

我们先到工厂参观，如果说丰田汽车是机器人所组成的工厂一点也不夸张，自动化的生产线，使丰田汽车所需的人力比传统汽车工厂少很多。我们在大屏幕上可以清楚地看见当日有多少汽车正在制造、有多少制造完成、出错率及其细节。丰田汽车工厂的环境非常整洁，工厂里还不停地播放着优美的古典音乐，以缓解工人们的工作压力，完全颠覆我对工厂的成见。

短暂的参观让我看到丰田汽车经营者对于科技创新的执著，而人性化的工作环境更体现了经营者对于劳工权益的重视，我想，丰田汽车有今日的成就绝非偶然。

午餐时间，我们和丰田汽车的管理高层一起度过，他们称之为"工作午餐"（Working Lunch）。诺大的会议室，桌椅摆成一排一排的，好像学校教室一样，管理高层面对我们坐在最前面一排，我们依次入座，这时，我发现已经有媒体在一旁等待，有些已经开始照相，我非常诧异，丰田汽车如此看中我们这群国际学生的造访。

丰田汽车的管理高层在短暂的致词后告诉我们，让年轻人对科技有兴趣是一件非常重要的事，而让有才干的年轻人想要来丰田汽车工作更是他们管理阶层的要务之一，他们很高兴也很荣幸可以接待54名从26个国家来的"青年领袖"。虽然知道这是客套话，听了还是小小地暗爽了一下，不过对于丰田汽车注重年轻人的经营理念，我很赞同。一个国家如果有许多可以吸引世界各地青年才俊的企业，对于这个国家经济上的持续发展会起到重要作用。

午餐是精致的日本餐盒，一层一层的，日本人视觉包装的文化在餐盒上表现无遗。我们一边用午餐，一边向丰田的管理高层提问。一问一答之间，我们了解到丰田汽车的使命与目标是运用科技，不断地挑战与创新，研发出更环保的汽车及相关产品，同时并提供更多就业机会。我们从丰田汽车的管理高层口中得知，丰田汽车每年都投入大量的资金在研发部门，一个能够持续经营的企业不能只看眼前而不考虑未来。除了提供和研发环保的产品之外，丰田汽车也支持各种致力于环境保护的组织。

午餐后，我们到丰田展览会馆参观，借以了解丰田汽车的历史及全球分布。这里不仅有丰田生产的汽车，还有许多未上市的环保概念车。最特别的是，我们看到了丰田汽车研发制造的机器人演奏小喇叭，这个机器人叫Toyota Partner Robot。听说，他在2005年日本爱知世界博览会上大出风头！能亲眼看到他表演，除了赞叹科技的进步之外，我觉得很新奇、很开心。

丰田汽车国际化的管理与领导，带动了周边产业，吸引了许多外国公司进驻丰田市，加上当地政府细心地把丰田市建设成一个科技与人文观光结合的综合型都市，科技与人文、尖端科技与日常生活，在丰田市有了新的诠释。从汽车工业重镇，成功转型为科技产业观光中心，丰田市成功的城市规划，值得我们学习。

这个星球不寂寞

这些特殊的国际志愿者经验，让我想到Lonely Planet（寂寞星球）创始人Tony Wheeler的一段话："今天我们生活的这个星球看起来像是陷入一个永无休止的怪圈：冲突、误解，还有悲伤和心碎。但旅行一直不断地提醒我们：我们生存的这个世界是如此美好，而这个美好的世界是属于我们大家的。对于一些国家来说，旅游业对他们的经济十分重要，而对于无数旅行者来说，旅行则给他们带来无限的满足和喜悦。更为重要的是，旅行能够以最积极的方式去帮助人，并与人相互结识，让我们认识到，我们有同样的希望和渴求，也证明我们可以拥有一个更美好的世界。"

因为千百种理由，所以旅行；因为旅行，所以开始了解这个世界是多么紧密地联系在一起；因为了解这份联系，所以开始懂得付出与服务的重要性与必要性。这足给我最珍贵的启发。

这趟环球之旅出发前，有朋友问我："这一趟游学回来，你可以拿到什么资格或证书吗？"我当时愣了一下，因为我自始至终都没想过旅程结束后，我能拿到什么"文凭"，光是环游世界，就已经实现了我人生最大的梦想了，更何况我还能在26个城市游历、实习和做国际志愿者，对我来说，这些比任何文凭都意义重大。

　　我们生活在一个证书的时代，做什么事之前好像都要先确定能拿到一个证书，不然我们就不愿意去做了，甚至视之为浪费时间，殊不知有些经验、有些视野、有些想法并不是一张纸、或是一般教育模式下可以换来的，如果我们总是只顾及文凭，是不是就落入条条框框当中，限制了视野和创意呢？

　　这趟旅程已经结束很久了，但是带给我的启发与感动、一路上的所见所闻、真挚的国际友谊，还有开阔的世界观，永远不会离我而去。这些年，这些宝贵的收获跟随着我到世界各地，帮助我完成一个又一个目标，我想这些经历已经成为我生命中的一部分，变成我此生的心灵财富，让我大胆拥抱独立与勇敢，为我的生命注入源源不绝的、令人感动的生命力。

♡ 梦想成真大声说：
国际志愿者的经验让感恩与知足长存心中。

♡ 梦想成真悄悄话：
付出的一方其实得到的更多。

16

瑞士的全额奖学金是一道活水

心中源源不绝的能量来自要做唯一，不计较第一。
当兴趣变成专业，梦想成真会成为一种生活态度。

不是第一而是唯一

　　从小到大我都不是那种拿第一的人，常常都是第二、第三、特别奖之类的。这和我的粗心大意有绝对的关系，考高中时，第一场的中文考试，我粗心地忘了写改错那整个大题，整整失掉十分。考试制度下，很多时候是要以细心取胜，对于这一点，粗心大意的我真的很吃亏。

　　塞翁失马，焉知非福；因为粗心大意的另一面就是开朗豁达，我是一个天生基因里没有"斤斤计较"这个序列的人，可想而知，去拼第一一向不是我的追求。

　　上中学时，我连续拿了两年的第二名，唯一的一次第一名还是因为同分。因为我的中文分数比较高，老师决定把那一次考试的第一名给我。那一次，差一点把那位长期拿第一名的同学气得几乎要到脑中风的地步了。

　　第一真的有那么好吗？翻开吉尼斯世界纪录，很多第一真的让人叹为观止，还有很多第一则很无聊，只是为了得第一的称号而找借口做的一些事。

　　然而，当第一压力很大，维持第一更是艰难。为什么不做唯一呢？这不是逃避竞争，而是以健康的心态去面对竞争。人生当中的每一次比赛，我们

都全力以赴，不管结果是不是第一，我们都拥有独一无二的经历，许多的第一加起来是唯一，许多的非第一加起来也一样是唯一。在自己的人生当中，我不是第一，而是唯一。

　　到中国大陆读大学，之后到瑞士一边进修一边工作，我想这和很多传统的出国留学的路径不一样，但这是我的选择，我选择了一条不一样的路，但是我没想到的是，这个不一样的选择给了我很多唯一的机会，到瑞士留学的全额奖学金和工作就是最好的例子。

合作办学多元学位

有别于台湾的大学，中国大陆的大学和世界各国大学的交流合作非常频繁，而且种类多样。

例如，有双学位的 3＋1 项目（在中国的大学读完三年学士，再到外国的合作院校读一年相关科系的学士，完成学业后可以取得中国及外国合作院校的双学士学位）。4＋1 项目（在中国的大学读完四年学士，再到外国合作院校读一年相关科系的学士，完成学业后可以取得中国及外国合作院校的双学十学位），还有学十硕十连读 4＋1 项目（在中国的大学读完四年学士，再到外国合作院校读一年硕士，完成学业后可以取得中国学士学位以及外国合作院校的硕士学位）。还有 3＋1＋1 项目（在中国的大学读三年的学士，再到外国合作院校读一年的学士相关科系，然后继续在外国合作院校读一年硕士，完成学业后可以取得双学士学位以及外国合作院校的硕士学位）。这些都是台湾所没有或是不常见的合作交流、办学的方式。

这些，都是受到双方学校和两国教育部正式承认的学历，这样的合作办学，让学生不仅有中国的学历和经验，而且有机会到国外学习，也可以促进文化和学术交流。因为出国读书的花费很高，所以中国高校的每一个合作项目通常都分为有奖学金支持的和自费的两类，而有奖学金支持的这一类又分为全额奖学金和部分奖学金，相关的奖学金很多，供学生去争取，有的时候是两边的学校和教育部都提供资助，让很多家中经济条件不好的学生有更多的机会可以出国学习。

我当时申请的是双学位 3＋1 项目，而我去的外国合作院校就是瑞士的一所大学。

每位同学都想争取这种机会。学校的选拔流程是，每个学院先选拔一位最优秀最合适的人选，然后由学院推荐一名人选，最后由学校组成的征选委员会（包括校党委书记、校长、副校长、教授等十多人）考核最后的人选。

我就是经过这样的程序被选拔出来的。当时学校最大的争议是，为什么要把这个难得的机会给一个台湾学生而不是当地的学生，但是校方还是依照学习成绩和在校表现来考核，最终选择了我，我取得了全额奖学金到瑞士学习的机会。如果没有瑞士的留学经验，我不会遇到后来的很多机会，我的人生将会很不一样。

写论文的日子

瑞士读书、工作、

在瑞士的第一年，是我人生当中到目前为止最忙碌的一年，也是挑战最多的一年。不但要读书，学习我之前从来没接触过的经济和工商管理，并准备论文撰写，还要完成我在学校国际办公室的工作。我担任副校长的助理，副校长全权负责学校的国际事务，我的工作主要是协助副校长处理学校所有国际交流的项目、国际学生档案的管理、在校学生到中国交换学生的咨询，同时协助副校长做各种讲座。三者都要兼顾，负荷很重，压力很大，一开始，天天几乎都是睡眠不足。

正是因为这样紧凑的生活，这三件事我都必须在一年内完成，而且不能放弃任何一件，这促使我训练自己时间管理的能力。什么时间该做什么事，什么时间要完成什么，渐渐的，我的生活不但充实，而且井井有条。当然，一定会有牺牲，那一年，我很少有空闲的时间，朋友的聚会或是游玩，我几乎都拒绝，因为我没有时间参与。在那一年里，我全心全意地投入到学习、论文和工作中，我慢慢地喜欢上这种认真做事的感觉。而且，我是活在我自己的选择中啊！不能因为忙碌和压力而放弃。

最辛苦、最难熬的不是生活上的忙碌，而是心里的孤单。到现在我听到美国连续剧《实习医生格雷》的片头曲和片尾曲的音乐，我还是会想起在瑞士孤独的生活，因为那是陪伴我度过一个人的圣诞节的背景音乐。那年，我没有回家，也没有像很多同学一样去度假，我一个人在我分租的公寓里，忙着赶我的论文。那种孤独，是我没有经历过的，是一种孤立于所在的社会的压力，因为什么事都只能靠自己，家里的支持从没断过，但是太远，爱你的人一直都在，但不在身边，我经历过这种孤独后，变得更加独立与勇敢。

亚洲 梦想成真成为一种生活态度

经过那第一年的历练，三重压力下，我练就了一身"不因忙碌而失去梦想"的功夫，我不断地提醒自己，现阶段是磨练期，经过严苛的考验，我以后就可以更自在地看看这个世界，选择的机会也会更多，要把追逐梦想变成一个源源不断的动力，梦想成真才会变成一种认真生活的态度，与我天天相伴。

当论文告一段落，也是我开始在瑞士找工作的时候，本来我没有打算在瑞士找工作，我想回到亚洲国家工作或是继续进修。后来，陆陆续续开始对一些有兴趣的工作做一些研究，我发现在瑞士这个小小的国家有众多的国际组织和跨国公司，这一点让我很感兴趣，因为我想要继续追求看看这个世界的梦想，想把这个梦想延续到工作和生活中，而国际组织或是跨国公司正好可以满足我这样的想法和愿望，所以我决定在瑞士找工作。只要努力就会有收获！试试看吧！

我精确地把申请工作的范围缩小在需要中文能力或亚洲背景的工作上，没有花很多时间在投递大量的履历上。很快就出现了两个机会，一是一个国际组织的Program Assistant（Asia Cluster）（项目助理，亚洲组）；二是一家跨国公司的Communications Officer（Fluent in Chinese）（传播专员，要求精通中文）。

两个工作我都尝试了，都进入了第一轮的选拔。跨国公司的选拔一轮接一轮，很紧凑，但是国际组织的却是停滞不前，打电话询问之后才知道原来很多国际组织的工作选拔会长达半年到一年，所以当时的我唯一能做的只有等。后来，我拿到跨国公司的工作合约时，那个国际组织的工作选拔才进行到第二阶段，如果我不需要顾虑到签证问题，我愿意继续等待，但是当时因为时间的缘故，我接受了跨国公司的工作。

在瑞士的第二年，我不再是个学生，苏黎世这个城市依旧冷酷，但是我的心情却转变了很多。我不再需要斤斤计较每天的开支。我开心的不是和朋友去吃早午餐（brunch）不用一直在脑海里计算我今天所花的会不会超支，或是买一件衣服会不会影响我这一个月的预算；我开心的是，短短的一年之中，我不但拿到了学位，从一个兼职的副校长助理的工作走到了国际企业传媒专业的工作，还用我自己的能力赚到的钱到欧洲很多地方旅游。我的努力让我蜕变了，不论是经济或心灵上。梦想成真，成为我的生活态度。

♡ 梦想成真大声说：
看看这个世界的梦想，帮助我在跨国公司工作。

♡ 梦想成真悄悄话：
把梦想成真当作一种生活态度，梦想果然成真。

17

到联合国之路创造无限可能

找一个长假，做一些大胆的尝试，
去追求一些平常只敢想而不敢去做的事，
总是要相信自己，去尝试一次吧！

喜在生命转弯处

　　因为国籍的关系，我在瑞士的学生签证到期后，不能继续留在瑞士。此外，瑞士的劳工与移民政策采取相当的保护主义，法律明文规定：雇主在雇用员工时必须先雇用瑞士人，其次是欧盟国家的人，最后才是其他国家的人；而雇用非瑞士或非欧盟国家的雇员时，雇主必须向政府证明，这个人具有瑞士人和欧盟国家人所没有的特殊才能或技能，经过复杂的手续，把求职讯息放在劳工局三个月之后，才能聘用这些非瑞士或非欧盟国家的人。

　　我想这就是所谓的"技术击倒"吧！在你还没有机会以实力一较高下时，就先用政策或法律的规定把你淘汰出局。换句话说，我要对抗全瑞士加上全欧盟国家的竞争对手，这怎么可能会成功？机率太渺茫了。

　　毕业前，我很顺利地在瑞士找到了工作，而雇主也愿意为我向瑞士政府申请留下工作的权利，并办理一切与申请工作相关的证件和手续。除了依法证明我有他们所需要的特殊才能，依照瑞士移民局的规定，我要出境三个月，也就是要离开瑞士三个月，等移民局处理雇主替我提出的申请。申请归申请，但是也有被拒绝的可能，所以说，我能不能回到瑞士工作是一个未知数，没有任何的保证。

　　三个月是一季，一年的四分之一，我不想傻傻地等瑞士移民局的结果。自己评估，还是另做准备比较妥当，与其等待别人决定我的去留，不如自己找新的出路。

自信，就有无限可能

到联合国工作，一直是我的梦想。我很希望能够在那样的国际组织里，和来自世界各地的人一起工作，一起为这个世界作贡献。对我来说，如果能到任何一个联合国的组织里工作，那就是"看看世界"这个梦想的高度实现！

在得知自己必须离开瑞士三个月等待工作批准后，我开始认真思考申请联合国实习工作或是进入相关国际组织工作的可能。到联合国工作不是一件简单的事，就算是实习工作也很难申请成功。因为竞争激烈，联合国的筛选条件很严苛。经过仔细考虑，瑞士的工作，无论是雇主或我都已经尽了最大的努力，我应该把这三个月的等待期当成是工作前的长假，或是gap time，做些大胆的尝试，追求一些平常只敢想而不敢去做的事。最终，我决定申请到联合国各机关单位去实习工作。当时，我天真地想，如果申请成功，说不定还有机会在联合国工作呢！

接下来，只要是有空闲的时间，我就到联合国网站上寻找实习或短期工作，并依照自己的兴趣和专长，比较了几个单位。我搜寻的范围包括联合国各个组织的工作机会，有世界卫生组织、联合国教科文组织等，其中还包括联合国大学。最后，我申请了联合国大学的实习工作，比利时联合国大学比

较区域融合中心非常符合我对全球化研究的兴趣，虽然不知道自己会不会被接受，我还是提出了申请。总是要相信自己，去尝试一次吧！

　　申请过程不是很困难，准备好履历，写了一封申请信，附上两封推荐信。一个月后，我被录取了！就这样，因为瑞士的麻烦且不公平的法律规定，我因小祸而得大福，有机会进入联合国的相关机构进行实习工作。

　　三个月很快过去了，我的工作申请顺利通过，进公司后，人事经理告诉我，当时我是公司在瑞士总部唯一的"单身"台湾女性。特别强调"单身"，是因为与当地或欧盟公民结婚者，可取得瑞士的工作权。而我是借助我的国际及亚洲经验，得到这份工作的！当然还有相信自己的那份自信！

　　每次想到我再度回到瑞士，我的履历中还多了一个在联合国工作过的特殊经历，真的很不可思议。"柳暗花明又一村"的惊喜，出现在生命的转弯处。如果不是瑞士劳工局和移民局这道关卡，我就不会离开瑞士三个月；没有这三个月，我就不会思考到联合国工作的可能，进而实现我到联合国工作的梦想！看似不利于自己的处境，也可以是惊喜发生的起点，相信，就真的有可能。有了这次经历，我再一次体会到倾听自己心里的声音然后去实行的快乐。

比较区域融合中心

利时联合国大学

比利时联合国大学比较区域融合中心位于布鲁日。2000年，这座城市被联合国教科文组织列为世界遗产， 2002年又获选为欧洲文化首都。这座城市不但历史悠久，现在还是欧洲的教育研究重镇，欧盟学院（The College of Europe）也在这座城市。

这个坐落于比利时西隅临海的古城，是欧洲最诗情画意的小城之一。这里是游客最流连忘返的角落，每年大约有三百万人次造访此地，领略她的万千风情。即使冬季，万籁俱寂，布鲁日依然游人如织。

在布鲁日的日子里，发现这里真是名副其实的水城，连着好几个星期还有雨水不断，蜿蜒的运河在整座城市中穿梭，建筑则是典型的哥德式的中世纪建筑，鳞次栉比，井然有序地排列在运河两侧。每每下雨时，古城的诗意就特别浓厚，加上运河与古街道，交错起舞，每一个转角，都是另一个诗篇的开始。

　　这段时间，我认识了一些欧洲各国的年轻学者，他们不仅在自己的专业领域都小有成就，而且对全球化也都有自己独到的见解，相处的过程中，我对东欧各国的历史有了更深入的了解。他们每一个人几乎都会说三种以上的语言，面对不同的文化，表现出谦卑的态度，很认真的学习，即便是一般的交谈，我也可以感受到他们的认真。

　　我的工作内容主要有两大项：一是协助初级研究员整理当时所有的国际间签订的双边或多边贸易协议；二是协助高级研究员编辑第二本比利时联合国大学比较区域融合中心的研究合辑。工作内容不是很多，但却很花精力。在实习过程中，我学到很多区域融合的相关知识，还有学术编辑的方法，收获颇多。这些学术工作每一个细节都要求很精准，对于天生就比

较粗心大意的我真是很大的挑战，我只能用勤劳来弥补自己的不足，把所有交给我的工作，多检查几遍，然后与研究员确认没有错误之后，才会交接给下一个人。

那三个月是我人生当中一段很特殊、很宝贵的时光。我从没想过，自己有机会每天穿着牛仔裤、骑着脚踏车，穿梭在布鲁日的市中心（有时觉得彷佛在做梦，好像进入中世纪的欧洲，因为布鲁日的建筑从16世纪到今天几乎没有什么变化），在中世纪的修道院中进行研究工作（比利时联合国大学比较区域融合中心位于一幢中世纪的修道院当中，外观是修道院，内部已经改成研究单位）。那时是冬天，我入境随俗地喝巧克力，吃炸薯条和华夫饼干，生活快乐、简单又有意义，现在想起来，仍是回味无穷。

♡ 梦想成真大声说：
在中世纪小城安静过一段日子，人生至福。

♡ 梦想成真悄悄话：
倾听内在的声音，然后实践，此乃人生至乐。

18

走自己的路，
拥有百万年薪

十足的创意，百分百的自信，再加上一点点的傲气与大胆，
以自己的文化优势取胜，昂首阔步于国际舞台。

虽说关系不重要，但是走自己的路更重要

以前我知识浅薄，阅历有限，先入为主地以为攀亲带故这种文化，只盘根错节地存在于受到中国传统文化影响的国家中。来到瑞士工作之后，我才知道，在西方国家，关系（connection）一样也很重要，尤其是在找工作的时候。

在瑞士读书时，同学和友人对我说："这个世界很不公平，很多时候，机会的降临不在于你会做什么，而是在于你认识谁，谁愿意帮你说好话。在瑞士找工作，很多时候真的要看谁能够帮你写封漂亮、有力的推荐信。"

听他们这样说，我还半信半疑。印象中，西方国家的企业文化应该不同于东方，所谓的关系，应该不是那么重要，重要的应该是工作实力。这是我刻板印象中的西方工作文化，很直接，实力是一切。

但如果真如他们所说的，我担心等到毕业之后，像我这种初出茅庐的台湾菜鸟，机会本来就是少之又少，并且在人生地不熟的瑞士，哪来什么关系啊？那我还没上战场，不就先被淘汰出局了吗？

在学校也常听到这样的消息，某位同学因学长介绍，成功取得ＵＢＳ瑞银集团的面试机会，或是某位同学因为朋友介绍，取得Phillip Morris烟草企业尚未正式公布职缺的优先面试。本来我想这些应该都只是传闻，没有那么夸张。但是，在ＵＢＳ瑞银集团工作的室友Bettina证实，这种靠关系推荐进公司是很正常的事，ＵＢＳ瑞银集团还奖励推荐适合人选的员工，而且奖励很丰厚。听到这里，我也不得不相信即便是在瑞士，有关系还是很重要的现实。

我在瑞士的同学、学长和朋友都异口同声地建议我，要常常参加一些Networking Event（拓展人际网络关系的聚会）建立好关系，在日后找工作的漫漫长路上，可能会顺利一点。

我一向都喜欢认识新的朋友，听听别人的故事，了解不同的文化。但是，我真的一点都不喜欢Networking这样的聚会，一大堆不认识的人说着一大堆没有意义的话，而大家都心知肚明，未来某一天我可能会有求于你。每一个人都戴着面具，很假，很不真诚，每一次的Networking Event，我都觉得像是拍卖大会，竞标物品是自己，不停地在做自我营销，目的性太强太明显，人与人之间，从不认识到认识，从不熟悉到熟悉，慢慢熟稔的那份自然荡然无存。

后来，我正式进入瑞士的职场，才真正体验了这种"关系文化"。当时与我在同一组工作的同事，瑞士人Mr. A，学识背景和工作经验都很普通，但是一进公司就从高级经理开始做起，手下还有两个专员。这两个专员，一个是网络鬼才，一个是设计高手，不论资历或工作经验都比他强很多。而他被雇用为高级经理的最大原因只因为他和我们的总监私交甚笃，可以说是老朋友兼学长学弟的关系，以前不但一起共事过，而且毕业于同一所学校。

小组会议时，这位Mr. A常常提不出什么意见，最夸张的是，他根本不知道我们的工作内容和进度，但是依然稳坐经理的位子，有恃无恐的原因就是上面有人罩着，而他唯一的功用就是当总监的"传话筒"和"监视器"。

虽然大家都觉得很不公平，但也无可奈何，唯一能做的只是把自己的工作做好，看他出出丑罢了。当我看到Mr. A在会议中不知所措的神情，还有手下两个专员提问而他不知道如何回答的时候，我就想，如果我是Mr. A，我应该会感到心虚而辞职吧！

我觉得如果没有关系，找工作的路途一开始可能不那么顺利，但靠自己的真才实干得来的职位，做起来才心安理得，才长久！在职场上，若有认识的人帮忙引荐是一件幸运的事，但我始终相信，从自己身上闪耀出来的光芒才是真实的，靠别人折射的余光终归不是长久之计。因为靠关系得到一份工作总是一时的，人不可能一辈子都依靠别人。与其花大把时间在别人身上，不如趁早找到自己独一无二、无法取代的优势，努力充实自己，增强自己的实力。当时，我决定跳脱关系这层影响，不去听同学朋友们的杂音，勇敢地开拓出属于自己的路。

找到自己的优势

在瑞士的职场上想要拥有自己的一小片天，除了和瑞士人竞争，还必须和所有的欧盟国家的人竞争。找出高识别度的优势，成为我当时最大的难题。

除了专业知识，最重要的就是基本能力，包括语言表达能力、运用计算机的能力、应变能力、分析能力、协调能力、执行能力、适应能力和领导能力……

在许多能力上，我可能不会比别人差，但是语言能力这一项，我不但没有优势，而且是处于绝对的劣势。在欧洲生长受教育的人，除了英语之外，会说好几种欧洲语言是很平常的事，再加上欧洲的教育很鼓励孩子勇于表达，相较之下，欧洲人对于自己的表达能力都有一定的自信。

这种劣势不可能因为我多参加几次Networking Events就能扭转乾坤，而且通常语言表达能力是在面试当中最先被评鉴的一项，也是最重要的能力之一。所以我的策略是，以我生长的文化和语言优势取胜，以我所拥有的，对抗竞争对手所没有的。

台湾文化、中文以及我对中国台湾、大陆和其他亚洲各国的了解，这就是我的优势，绝对强过大多数欧洲人。千万不要小看自己的文化背景，那是每个人最扎实的能力所在，因为文化的浸润是时时刻刻的，不是在相同环境下成长的人，很难在语言和文化的了解上与当地人抗衡。

如同严长寿先生在《文化，是最伟大的软实力》一文中提到的："只有利用文化的软实力，才能让社会重新找到自己的骄傲，找到自己的价值观。"我想对于个人也是一样的，特别是在一个全球化日趋发酵的国际社会，要在竞争激烈的环境中生存下去，找到自己的优势所在是非常重要的，也是一种非常棒的感觉，像是更深地明白了为什么值得自豪的原因。一个人需要拥有昂首阔步的自信，因为它是实力的源泉。

近年来，亚洲各国快速发展，欧洲跨国企业纷纷进军亚洲，希望在亚洲市场占有一席之地，这些企业对于亚洲人才的需求与日俱增。从开始找工作，我就重点关注需求中文能力或亚洲背景的公司信息，很快，机会就来了，我毫不犹疑地尝试，投出我的履历。两个星期后，我得到面试的机会。进入公司之后，我发现公司的核心策略之一就是Move to Asia（向亚洲前进），完全符合我当时找工作的策略，Yeah！

只有信心 准备什么？

因为从来没有跨国公司的面试经验，面试之前，非常忐忑不安，我觉得面试像一场赌局，赌的是工作机会，而我们最大的筹码是自信。

找到自己的优势之后，在面试之前，除了准备专业知识、加深加宽自己对于亚洲各国的了解之外，要准备的只有信心这一项了。而这一项最难准备，因为自信是看待自己的一种态度，自信存在于勇敢走自己的路的那份潇洒与自信。自信存在于我就是对的、好的那样一种胆识。从握手、微笑和点头都可以看出一个人自信与否。

自信的累积绝非一蹴而就，可以说是无从准备。左思右想也想不出要怎么准备自信的时候，我想到无数次的旅行，每一次的旅行都是第一次，走入陌生的境地，都是冒险，旅行中遇到的各种障碍和突发状况，都要自己想办法解决。面试，不过就是回答几个人提出来的问题，就把它当成另一种形式的旅行吧！换个角度，心情平静许多，自信指数也上升不少。

当我觉得我已经准备得很充分的时候，我想到一个在面试的时候无法逃避的问题，那就是期望薪资（salary expectation）。在瑞士和许多欧美国家，相似的工作，薪水不是固定的，例如，同样是资深记者，薪资全是各凭本事，靠自己的谈判能力而定。在面试的时候，人事部门或是面试官一定会问你，你对这份工作的期望薪资是多少。开口向人要价，而且还是自己的身价，我不但没有经验，而且觉得很怪、很尴尬。

我求助室友Bettina，她在ＵＢＳ瑞士总部工作，她的工作就是薪资评估和计算。真是太幸运了，Bettina说，同一家公司相似职位的薪资是有一个范围的，但是这个范围可大可小，全看个人的谈判能力。在ＵＢＳ瑞银集团，一个大学毕业，有一两年工作经验的新进员工，年薪大约是五万到七万瑞士法郎，但是如果你拥有特殊能力或是别人无法取代的优势，可以要求到八万以上，完全看个人的功力。

和Bettina的谈话过程中，她给我举了很多例子，我发现薪资谈判的重点不在于要求多少（当然不能漫天开价），而是在于提出要求时的语气和态度，是相信、勉强、不好意思，还是有I am worth it（我值得）的那种自信，因为这不仅是在问你对于这份工作的期望薪资，更是在问你对自己的自信程度，所以说出一个合理的、雇主可以负担的数目，是对自己脑力、体力和各种能力的一种尊重，这样想，就没有什么不好意思可言了。

常觉得瑞士朋友们的薪资高得不可思议，但是从亚洲来的朋友们却常常差了他们一大截，我想这是因为从亚洲来的我们，不仅不懂瑞士的谈判文化，更缺少开口向人大声说"我值得"的那股自信！

面试谈到期望薪资时，我对面试官表示，期待和瑞士人有相同的待遇，针对我能提供瑞士以及欧盟其他各国的人所不能提供的能力与知识，应该要有相应的薪筹。经过三星期四轮面试，许多个小时的考验，我终于得到了一份正式的初步合约。

拿到初步合约后，正式的谈判大战才刚开始，之前的面试只谈到期望薪资，现在才是真正talk number（说真实数目）的时候。我连续拒绝公司三次，一方面是不想让欧洲的雇主再占一个亚洲来的员工便宜；另一方面我也想看看Bettina说的这个范围到底有多大。

第一个offer来了，我拒绝。

第二个offer来了，我再次拒绝。

第三个offer来了，我还是拒绝。

最后，总监亲自打电话给我："你的经验不足，和很多资深的员工相比，这样的薪水已经很高了，比他们都高，你没有理由不接受。"

我其实心里有一点心虚、害怕，担心他们因为我要求过高而不雇用我，但是我还是尽量保持镇定地回答："对，你们有很多资深员工，但是你们整个团队，没有人可以说中文，我可以大胆地说，你在苏黎世找不到同时精通繁体中文和简体中文，而且还会方言，并具有法律和工商管理专业知识的人，我有自信我就是你们需要的人才。"

最后，我得到了我想都没想过的年薪。百万年薪，这个数目对我的精神意义远大于它带给我的实质意义，我知道自己不比任何一个欧洲人差，我还确信自己拥有其他人无可取代的优势，我值得得到同等的待遇，一个从台湾来的年轻女孩，一样可以拥有无限宽广的国际舞台。

　　之后，我没有辜负自己与公司的期待，我表现得很好，由于我的起薪比较高，在加薪和奖金方面，我丝毫不逊色于其他瑞士或欧洲来的同事们。工作上不断巩固的自信与高报酬成为良性循环，让我在国际职场上自在遨翔。

恒

学费所买不到的价值

国际经验大于MBA

从2003年离开台北到今天，因为当初那个想要看看这个世界的梦想，促使我的脚步不曾停歇，回头看我的足迹，遍布三大洲、五大洋，全球超过六十多个城市。很多故事，已经不知从何说起，静下心来往回看，真觉得不可思议。

2005年的全球青年领袖计划带我走遍世界，那段环球旅程更让我的人生有了意想不到的变化，而我最大的收获，一是更加坚定地相信自己，相信自己的选择，并以感恩的心情度过每一天；二是拥有课堂上得不到的独特经历，磨炼并获得许多不同的能力。

在瑞士的第一年，学业快要结束的时候，我开始申请瑞士的工作，那个时候的我没有读过MBA（Master of Business Administration，工商管理硕士）。这个学历似乎已经成为想进入跨国企业工作的必备条件之一，但当时的我，手上没有这张通行证，不过在应征工作的时候，我打败了许多拥有MBA文凭的对手，成功被录取。

　　我想除了我不服输、不放弃又豁达的性格特质外，最吸引企业主的是我特殊的国际经验。我是生长在中国台湾的孩子，但后来我选择到中国大陆读书，随后又参加了全球青年领袖计划这样的国际文化教育交流项目，这些特殊的求学经历让人好奇，而环球游学与实习之旅更是令人惊讶的亮点。

　　不管是世界旅程还是中国大陆生活与学习的经验，都成为我大于MBA学历的个人资产，让我在这个全球化的世界中有能力与自信去面对不同的挑战，也让企业主相信我的适应能力、工作能力和潜在能力。

　　很多人说我运气很好，我从来不去否认，我确实遇到很多帮助我的人，但是我深深地相信，创造好运比等待好运降临更重要。这么多年来走的每一步所获得的，都是我选择过、争取过和奋斗过得来的，没有什么是天上掉下来的礼物，或是别人直接给我的。我紧握与珍惜每一个来之不易的机会，我感谢每一个帮助过我的人！

　　追求"看看世界"的梦想，我放弃、承受了很多，异乡的孤寂、与亲人的分离、外人的歧视与不解，以及生活上、文化上的种种困境。这些曾经让我感到无助与痛苦的经历，让我在最短的时间内成长，养成独立自主的能力，以及勇于面对困难的态度。这些，我想绝对大大超过一个MBA文凭对我的影响。

要有别人拿不走的能力，受益无穷

到瑞士读书、工作之后，我时常帮要到亚洲工作和生活的朋友、同事上一些文化课。说帮他们上课太正式了，其实就是跟他们讲讲中国台湾和大陆、日本或是东亚的实际情况，还有我的生活和旅游经验，并教他们一些简单的中文和一些生活须知，我非常愿意帮助他们，更为有更多的人要了解亚洲各国的文化而感到高兴。

没想到，有一天谷歌在瑞士总部一个单位的负责人，以高薪邀请我教他中文和亚洲文化。当时我的确很高兴、很心动，但是，我想我应该要学我不会的和不足的，不能只沉浸在自己熟悉的领域当中，所以我选择继续原来的工作，没有接受他的工作邀请。

在教别人的过程中，我必须了解更多、更深入，才能回答各种问题，这也促使我不断学习。除了关注亚洲各国的发展和国际关系，我开始学日文，所谓教学相长，我想我得到的比我的朋友和同事更多，我的能力和优势不断地在成长。

就像李欣频在《十四堂人生创意课》中所说的："因为别人认的是你的专业、你的风格、你的名字，即使有一天你没有工作了，别人仍然认可你的能力，到时候你想转换哪个跑道都不难，这就是拿不走的身份，因为专业能力永远跟着你走……"当拥有别人拿不走的能力的时候，真的是受益无穷，并能给你带来意想不到的惊喜和开拓出不同的路。

很多人一定在想，骗人啦！怎么可能会有所谓文化咨询之类的工作，而且还是高薪。世界之大，无奇不有，不但有这样的工作，还有专门提供这样服务的跨国企业，里面的工作人员，都是某一个文化领域的专家，对于某一个国家的语言、社会、商业环境、投资状况等都有很深入的了解与研究。在欧洲，这样的公司很发达，为客户提供很多不同的服务。

我很感谢我的瑞士友人Bettina告诉我这种在瑞士的薪水文化，如果没有她告诉我，我就会像有些其他亚洲国家来的高级资深工程师一样，薪水都不如新进来的瑞士助理，吃了亏都不知道。这就是文化差异对个人权益造成损失的严重性之一。

对于想要进军亚洲的欧洲公司来说，如何处理各种文化问题是非常重要的，文化展现在各个领域，可能是对风俗的不了解而得罪了合作伙伴，也可能是对投资环境不熟悉而不知如何管理，或是因法律上的差异而造成权益受侵害，因为文化上的问题而导致公司受损失的故事比比皆是。

美国政治学家暨哈佛大学教授萨缪尔·亨廷顿提出的"文明冲突论"，以世界的角度来探讨文明之间的冲突及其对世界局势的影响。深入了解自身的文化，让它变成一种能力，就更能帮助自己昂首阔步于国际舞台。

继续做梦，继续浪漫

从2008年起，股票暴跌、各大公司大裁员和经济走下坡的新闻不断，在这个不安定的时代，有一份有保障的工作和一份稳定的收入已经不是一件容易的事，出国进修、环游世界……这些本来就不容易达成的事，似乎彻底成为遥不可及的梦。身处这样的时代，有一个问题一直在我脑海中打转，我们是不是会慢慢走向一个不能做梦的年代？

我觉得在这个不稳定的年代，最可怕的不是经济上的失落，而是人们信心的幻灭。虽然整个世界都在面对高失业率，但是这应该不是最可怕的，我们面对的是失业，是经济数字的下滑，而不是战争，不是生命的丧失，我相信在这样的困境里，我们仍拥有继续做梦的力量。

丰厚的奖学金不仅让我完成了将近半年的环球旅程，更让我有机会与54名来自26个国家的老师与同学一起学习、一起体验不同文化、一起做小区服务、一起哭、一起笑、一起走过北美、亚、欧三大洲，十个国家，二十六个城市。

这次旅行的广度遍及全球，而这些从世界各地来的老师和同学加深了这趟旅行的深度。他们打开我用心看世界的大门，与他们一起在他乡学习、服务与游历，让我反思我生长的中国台湾。他们让我了解，自身的文化底蕴加上虚心学习而建构的世界观是成为世界公民不可或缺的要素，而他们带给我的感动，是我一生的财富。

在瑞士工作，当时所在的团队有11个人，每一个人都来自不同的国家，成长于不同的文化圈，说不同的语言，学的是不同的专业，每个人都

有很强的能力，我从他们身上学习到不同的工作方式和沟通技巧。我常常到不同的国家出差，"看看世界"的梦想成为工作的一部分，也融入了我的日常生活中。

我相信，即便是在经济不景气的年代，还是有实现梦想的空间与可能，或许路要绕得更多，不过加上创意与自信，终究会达成梦想。梦想与现实之间，可能多数人会屈服于后者，可是我真的深深地感受到选择梦想的代价或许很大，但是换来的是没有遗憾的生活，这真的很棒！

♡ 梦想成真大声说：
希望在外国工作的台湾菜鸟们都能大声说 I am worth it!

♡ 梦想成真悄悄话：
跳脱关系这层影响，勇敢地开拓出属于自己的路。

19

他们走向世界的故事

小小故事，释出梦想大能量。
他们能，你也能！

　　有时人们会怀疑参加国际交流或国际志愿者服务这种活动的意义和实用价值，是游学的升级＋花俏版？是全球化下的一种流行？还是拿做好事来当噱头的旅游？

　　曾经有很多人怀疑我参加全球青年领袖计划的价值，一再被问的问题就是"能拿到什么文凭？什么资格或是证书？"一般人可能觉得这样的游学仅仅是去玩一趟而已，对于日后的进修或就业不会有太大的帮助。其实游历世界、与国际友人建立友谊、从事志愿服务工作对一个人的世界观、价值观的影响，不是一张纸或一个称号所能代替的。

　　2005年的旅程已经结束很久了，但是它带给我的启发与感动、一路上的所见所闻、真挚的国际友谊，还有开阔的世界观，永远不会离我而去。这些年来，这些宝贵的收获跟随着我到世界各地，帮助我完成了一个又一个目标，我想这些经历已经成为我生命中的一部分，变成我心灵的财富，让我大胆拥抱独立与勇敢。

　　以下的小故事，分别讲述五个从不同国家来的年轻人，以他们的方式走向国际的心路历程。他们参加国际交流或国际志工服务项目，到过不同的国家，体验过不同的事，这些带给他们不同的生命感动和启发。在他们身上能看到，梦想和世界似乎不是那么的遥不可及。

UWP-Danni: 我即将成为出色的社会工作者

Danni是一个来自丹麦的年轻人，他想法另类，有着非主流的行事作风。他二十几岁还没上大学，但对小区服务却很有经验。在参加"Up with People"组织的活动之前，他在丹麦做过很多社工服务。他很有音乐天分，弹得一手好吉他，还自己写歌作曲，并且热爱旅行、阅读哲学作品。他靠着奖学金和贷款完成了2005年的全球青年领袖计划。

有一次，我们谈到未来想从事的职业，他说他想从事社会工作，借这趟旅行多看看不同国家、不同的社会福利和制度。而他还没有申请大学的原因，是希望经过这次环球旅行，能更加清楚自己要什么，更加认识自己和自己的兴趣。

由于Danni优异的表现，"Up with People"组织在旅程结束后，提供Danni一个协调员（Coordinator）的全职工作，他从学生的身份变成辅导老师的角色。那一年旅程结束后，他又参加了另外两期将近一年的旅程。2006年他回到丹麦，开始申请大学，在大学申请的时候，他在自传中写了很多他这一年半在世界各国环游和在各国做志愿者服务的心得，他所组的乐团在丹麦也小有名气，他写了很多歌鼓励年轻人远离毒品，找到生命的意义。

每一次我们联络的时候，我还是能感受到他对社会工作和旅游的热情，他在Skype网络平台上的昵称总是To live is to travel（我旅行故我在）。他说2005年的环球旅行改变了他对这个世界的看法，他相信社会工作是能带给世界正面能量的、有意义的工作，他相信他将会成为一个出色的社会工作者，他也会把握每一次旅行的机会，因为每一次的旅行都给他带来新的视野和力量。

IHP-Winny：
我学会独立，
我找到自己的位置，
我还要学法文

　　Winny是一个大大咧咧的北京女孩，个性开朗率真，在她身边常能感到一种愉快的气氛，她在北京读的不算是排行榜上所谓的名校，但她一直有一个去澳大利亚读硕士与工作的梦想。她依照自己的步伐，一步一步地走向国际，走进自己的梦想。

　　英语系毕业之后，她进入一家葡萄酒进口公司工作，虽然只是做助理的工作，但是她很珍惜。通过工作上的磨炼，她从一个青涩的学生慢慢变成一个干练的"白领"。2008年她成功申请了International Honors Program（IHP），她参加的是21世纪城市计划。靠着奖学金和家里的支持，她到美国、印度、南非和阿根廷进行一个学期的游学。这趟旅程对她来说是人生中的第一次挑战适应能力和独立能力，而她得到最宝贵的经验是独立、自己的定位，还有学习另一种语言的动力。

　　在美国、印度、南非和阿根廷的四个月下来，她对我说，她成长了很多，明白了独立不仅仅是在生活上，更是心的独立！

　　独立承担申请签证延期的风险，和使馆人员交涉；独立调整心理上对于不同文化与生活方式的差异；独立摆脱不断适应新环境而产生的疲惫，努力以最快的时间积极地去感受另一种文化和生活；独立去发现自己感兴趣的话题，在这些国家做采访；独立阐明自己在这些国家所体悟的见解，并与同学们分享……

也许一开始是强迫自己要独立，但行程结束时，她发现自己很享受成长的过程。独立让她更加勇敢，敢于表达自己的观点，敢于面对压力，努力争取自己的权利，挑战害羞的自我，安排一个个旅程中的采访。现在，她期待即将赴澳大利亚的学习生活，希望自己能够延续这种心的独立，发现另一个自己。

四个月的游学中，Winny去过很多NGO组织（non-government organization，非政府组织），在南非尤其震撼，即使执政当局是黑人政府。但黑人小区的生活状况还是令人担忧。在黑人小区，即使大家都不富裕，还是有些志愿者自愿组织起来，去改善黑人孩子的教育和生活，防御艾滋病的蔓延，维护小区环境，关心每个家庭的生活。

她看到了她的价值，坚定了自己去澳大利亚学习传播学的决心。她要利用大众媒体，让更多的人了解各个国家的社会人情，以及那些默默为自己的家园努力的人们的故事，更希望自己有一天能以自己所学的专业加入NGO组织，宣传我们所关心的人、事、物，最终的愿望是让更多年轻人走出国门，感受她所感受过的，像她一样找到自己的价值。

Winny因为以后想到国际组织工作，回到北京便开始学习法文。

现在她正在享受澳大利亚留学生活，并且在进出口公司找到一份实习工作，动力十足地过每一天。

WCI-Steve：当兴趣成为我的工作和生活

Steve是一个标准的北方大男孩，个性洒脱大方，思路敏捷，说话又快又直爽。他从高中开始就对日文和日本文化很感兴趣，虽然在大学里读的不是日语系，靠着自学，大学时他已经可以流利地使用日文，工作后，还是坚持学日文，没有懈怠。他很希望有一天能亲自到日本旅游，体验日本文化，和日本人民交流。

日本虽然是亚洲的一份子，由于特殊的地理位置，形成独特的岛国文化，他觉得了解日本文化是一件很重要的事。

Steve大学毕业之后在北京一家贸易公司工作，工作几年晋升为中级主管，经由同学处得知WCI（World Campus International，世界学院）在日本的国际文化交流项目，便毫不犹豫地申请了。不管公司能不能让他请超过三个星期的假，这是他一定要做的一件事，一定要追的一个梦。

2008年他成功地申请了WCI的项目，靠着奖学金和自己的积蓄，踏上日本文化体验之旅。当他和接待家庭无障碍地沟通时，心里有一种说不出的激动和成就感，多年自学的日语终于派上用场了！因为Steve的积极参与和令人惊讶的流利日语，学习结束后，WCI正式聘请他为WCI职员，专门负责和中国方面的业务和在中国的市场开拓。

意外的工作机会让Steve兴奋不已，他二话没说地抛下北京的一切，接受WCI的聘请，他从没想过能到日本旅游，更别说是工作和生活了。当兴趣成为的他的工作和生活，他觉得每天都活在梦想成真当中，申请WCI的国际文化交流是他做过的最棒的选择。

UN-Kim：我能为东亚安全尽一己之力

Kim是一个有着超龄的成熟的韩国男孩，他对国际关系有着浓厚的兴趣，和他谈起国际事件或是新闻事件，他总是有自己独到的见解。他对于中、日、韩三方关系，以及朝鲜和韩国的关系都很有研究。服完兵役之后，他申请到联合国教科文组织韩国全国委员会实习。在实习期间，他认真地把握每一个学习的机会，并没有因为是没有领薪水的实习就随便应付。

经过好几个月的实习，Kim的上司注意到他负责敬业的工作态度和杰出的工作表现，提供给他一个约聘工作的机会，Kim连想都没想就答应了。参与这样的工作简直像是天上掉下来一份大礼，没想到单纯的实习竟然演变成工作，他参与了增进日韩跨文化相互了解计划的工作，为东亚安全尽一己之力。

结束联合国教科文组织韩国全国委员会的约聘工作之后，Kim考入韩国外交学院。目前他正在攻读国际关系的硕士学位，他说他以后一定要再度回到教科文组织韩国全国委员会工作。

Peace Boat-Elizabeth：我将在国际人道救援的道路上继续走下去

　　Elizabeth是一个很有语言天分的女孩，妈妈是英国人，爸爸是意大利人，从小在双语的环境下长大，在学校里陆续又学了法语、西班牙语和葡萄牙语，大学时主修了阿拉伯语。认识她时，她已经精通了六国语言。

　　她来自一个普通的家庭，有很多兄弟姊妹，最小的妹妹和弟弟有智力和肢体上的障碍，家里的负担很重。不过，她从小的梦想就是环游世界，并到非洲从事人道救援工作。从大学起，她就因为语言能力表现优异，拿了奖学金和文学奖，并成功争取到去摩洛哥交流学习一年的机会。大学毕业后，她成功申请到和平船（Peace Boat）上当西班牙语老师，乘着和平船到二十几个国家从事国际志愿者，并进行文化交流。

　　在和平船的环球旅程中，她遇见很多致力于人道救援的专业人士，给了她很多启发，也让她感到人道救援工作的重要性，如果每个人都贡献一点时间和心力在人道救援上，世界应该会变得很不一样。

之后，Elizabeth还进入联合国工作。现在的她已经被无国界医生组织录取，即将要到非洲从事人道救援工作。她认为，在和平船上给她的感动，将支持她在国际人道救援的道路上继续走下去。

附录一
"Up with People" 国际组织

"Up with People" 组织

申请困难度＊＊＊

旅行国家数＊＊＊＊

行程自由度＊＊＊

奖学金金额＊＊＊＊＊

附加价值＊＊＊＊

简介

"Up with People" 组织（人人至上组织）是成立于1965年的非营利性组织，是美国亚利桑那大学、卡罗尔大学、夏威夷太平洋大学、西部新英格兰学院等院校的合作机构，在欧、美、亚三大洲都有分支机构。该组织每年从全世界著名大学征选八十到一百名优秀学生代表，参加为期一学期的环球学习与交流访问，以培养大学生的领导精神与能力、全球视野和社会责任感。

宗旨

"Up with People" 组织的宗旨和目标是培养能为小区、社会和国家作出积极贡献的青年领袖，通过每一个活动来激发人们的行动力，用行动去满足他们所在小区与国家的需求，并且和世界搭起桥梁，为世界和平而努力。通过环球旅行和文化交流，四十多年来，该组织已经提供了来自世界各地的年轻人国际教育的机会和与世界接轨的渠道。

在为期五个半月的旅程中，所有的参与者将旅游至两到三大洲，多个国家，参与文化表演，给所到小区带去正面的影响。

项目简介

通过独特的五个半月的活动，与来自全球的年轻人一起，在旅行、文化交流、艺术表演、小区服务等活动中培养领导能力、全球视野，跨文化了解多元文化、全球问题、服务与奉献的精神。每一个计划至少旅行至两大洲。对于许多年轻人来说，这不仅是一个接受全球性教育的机会，也是生命的转折点，将会影响他们的一生。

"Up with People"组织独树一帜的计划，为那些寻求新式教育的人量身订做，每期有八十到一百位来自世界各地的参与者，进行为期半年的环球旅行，期间参与者将：

· 访问两到三个大洲

· 体验多国不同文化

· 入住当地接待家庭

· 接受艺术表演训练及熏陶

· 投入小区服务及公益活动

· 参与各类讨论及辩论

· 修习合作大学院校学分

世界越来越小，在职场上，越来越多的公司要求雇员拥有国际化的视野，对多元文化环境的适应能力以及团队合作的精神。而这些素质正是"Up with People"组织的计划所培养的！该组织与传统教育相得益彰。计划中，参与者可以通过与合作学院的合作，在相关大学修习和交换同等学分。在参与过程中，每个参与者将与其他计划参与者、接待家庭、访问过的小区建立起覆盖全球的网络，在这里交到一辈子的挚友！

这是一个很特别的机会，高强度，新创意，高产出的国际教育交流计划，参与"Up with People"组织的活动将是一生难忘的经历！

2005 年五个半月的行程

北美洲

丹佛，柯罗拉多州，美国

阿布奎基／圣塔菲，新墨西哥州，美国

凤凰城，亚利桑那州，美国

圣地亚哥，加州，美国

洛杉矶，加州，美国

亚洲

丰田市，爱知县，日本

丸子町，上田市，长野县，日本

大阪市，大阪府，日本

室生村，宇陀郡，奈良县，日本

多摩市，东京都，日本

我孙子市，千叶县，日本

欧洲

阿姆斯特丹／乌特列支／海牙，荷兰

安德烈普／布鲁塞尔，比利时

科隆／爱尔福特，德国

伯尔尼／卢加诺，瑞士

莫德／罗马／佛罗伦萨，意大利

巴黎，法国

☁ 每周行程样例

	早上	下午
星期一	Travel day（旅行日）由一个城市到	另一个城市
星期二	Course/Seminar（大学课程/团体研讨会）	Regional Learning/Guess Speaker（地区学习/客座演讲）
星期三	Service Learning/Professional evelopment（服务学习/专业发展）	Regional Learning/Preparation for Community Impact（地区学习/小区服务准备）
星期四	Community Impact（小区服务）	Internship（实习）
星期五	Community Impact（小区服务）	Community Impact Review（小区服务回顾）
星期六	Personal Day（自由日）	Preparation for the UWP Show & UWP Show（舞台表演准备&舞台表演）
星期日	Host Family Day（接待家庭日）	

☁ 申请奖学金的办法

第一步：通过网络申请。第一轮的资格审查，必须详细说明你的基本资料、教育背景、工作或实习经验，并完成一连串的简答和论文。

第二步：面试或是电话面试。

第三步：奖学金申请。

☁ 合作大学院校或机构

美国亚利桑那大学（http://www.arizona.edu/）

美国卡罗尔大学（http://www.carrollu.edu/）

夏威夷太平洋大学（http://www.hpu.edu/）

西部新英格兰学院（http://www.wnec.edu/）

🔖 官方网站

http://www.upwithpeople.org/

🔖 其他国际计划

· International Honors Programs（http://www.ihp.edu/page/home/）

· World Campus International Programs（http://worldcampus.org/）

· 联合国实习项目（http://unu.edu/employment/intern.html；

http://www.un.org/Depts/OHRM/sds/internsh/index.htm）

· Peace Boat（和平船）（http://www.peaceboat.org/english/index.html）

特别注明：附录中关于"Up with People"组织的介绍，数据源于"Up with People"组织官方网站，并结合作者实际参与经验，若与现在的计划有出入，请以官网的最新消息为主。

争取 2005 年全球青年领袖计划时的考试题目很有趣，大家可以参考一下。

这些问题，让我思考很多。我把这些问题列出来，如果是你，你会怎么回答呢？

简答（不超过 250 字）

· Describe a world or community leader that you admire and why.（请描述你所景仰的国际或小区领袖，并说其原因。）

· Please describe your level of proficiency in written and oral English. Include your educational background in English.（请描述你的英语的书写和口语能力，包括你的英语学习背景。）

短文的部分（不超过 500 字）

· What is globalization to you?（对你而言，什么是全球化？）

· What is cross-cultural exchange to you?（对你而言，什么是跨文化交流？）

论文（不超过 1000 字）

· Personal statement（自我介绍）

我花很多时间和精力准备论文，因为这关系到最终能不能踏上这趟国际旅程。

我把这些问题列出来，如果是你，你会怎么回答呢？

· Please provide a narrative that explains your financial need. Include expected income and expenses for the period you are applying for the scholarship and reasons why you have unmet financial need. Please describe on what basis you are a good candidate for a scholarship.（请你说明你的经济状况，包括你在申请本计划期间的收入和支出，并描述为何你会是一个值得我们提供奖学金的人选。）

·How do you plan to apply your World Smart experience to your academic and professional career? You might also consider how this experience will personally impact you.（你打算如何将本次计划的经历运用到你之后的学业或是事业上？或许应该思考一下，这次经历对你个人将会产生什么影响。）

☁ 参加国际组织会面临的问题

出发之前，所有计划参与者通过雅虎互相联系。旅程还没开始，就感受到这一趟旅程会让我毕生难忘。我从没有接触过来自巴西、罗马尼亚、波多黎各、德国、日本、丹麦、荷兰、英国、美国等国的朋友，大家都大方地介绍自己，积极地认识对方。

听起来似乎尽是玩乐的旅程，其实行程安排非常紧凑，而我们的任务也很重，包括小区服务、舞台表演，还扮演"文化大使"的角色。另外，我们最多还可以选修四门美国大学的课程，同行的有教授及讲师。近半年的时间里，一边旅行并参与实习，一边完成一学期美国大学的课程，真的是一件极富挑战性的事。当时我选择了四门课程，虽然担心自己是否有能力完成这一切，但是机会难得，辛苦一点绝对值得。

期待的心情很复杂，心中五味杂陈，迫不及待地要开始旅程，但又怕自己没办法应付全新的挑战，还有很多我无法形容的感觉，这应该就是所谓的期待吧！

陆陆续续收到了很多行前准备的资料，有新生训练的内容、大致的行程安排以及我选修的课程大纲。我心里想，好不容易被录取了，忙写论文和准备面试的记忆还清晰如昨日，现在又要开始行前准备，这真是名副其实的"挑战极限"之旅啊！

在新生训练时，不仅要学习跨文化沟通、领导技巧、小区服务，以及舞台表演技巧，周五或周六还要做一次舞台表演，包括唱歌、跳舞、朗诵及文化表演，目的在于传达不同文化的声音，并感谢接待家庭及所在的城市。54 名来自 26 个国家的年轻人一起表演，每一场表演似乎诉说着世界和平的美好愿景！

我们的行程大多跟着规划走，内容和顺序会依不同城市而有所调整，但基本上，每一周的活动安排得很紧凑。

虽然我知道选修四门课程代表我的自由时间会被压缩，同时也会有很多额外的功课，但是当时我希望能够好好利用这十九周的旅程，不浪费一分一秒。

此行总共要去十个国家，所以我要办理美国、日本、瑞士的签证，以及大部分欧洲国家都通行的申根签证。我从来没有一次申请这么多签证，我决定不找任何旅行社代办，一切自己来。

办理签证并不复杂，只是要有点耐心和细心，准备好每一个国家所要求的资料，基本上不会有太大的问题。但是，在申请过程中，让我最厌烦的是有些西方国家大使馆的处理态度。

大使馆的开放时间只有早上短短的几个小时，申请费用很贵，预约签证面谈的电话永远占线，打电话要花好长时间。好不容易预约好了签证面谈的时间，大使馆的面谈官总是以高度怀疑你去他们国家的态度审阅申请者递交的材料，问的问题有些让人难以接受，例如"你怎么证明旅程结束后你不会停留在国境内？""我们必须联络你的奖学金核发单位，查看你所提供的文件是否属实。"

"人人生而平等"这句话说得容易，事实上，并不是那么一回事。就拿办理签证来说，来自美国、英国、加拿大、瑞典、荷兰等欧美国家的同学，只要停留时间不超过三个月，连签证都不用办，就可以轻轻松松踏上旅程了。办理签证所遭遇的种种情况，不禁让我思考，在国际社会中，是否没有真正的公平正义，而单纯的只是金钱和权力的较量呢？

就这样，准备的时间一天一天过去了，拿到签证，终于到了启程的日子。环游世界，我来了！ Let's go!